深夜のラジオっ子

リスナー・ハガキ職人・構成作家

村上謙三久

筑摩書房

〈目次〉

はじめに

深夜ラジオを聴き始めた時、誰もがまず気になるのは、パーソナリティの喋りと一緒に聴こえてくる知らない人間の笑い声だ。これは〝ラジオリスナーあるある〟だろう。

パーソナリティは妙に親しげにその謎の人間と会話しているが、音声だけでは誰だかよくわからない。その人はあまり言葉を発することなく、口から出るのは笑い声が中心。最近はラジオの音がよくなったから、ペンを走らせて紙に何かを書いているノイズも入ってくる。疑問が募るばかりだが、飽きずに番組を聴いていくと、その人は〝構成作家〟という職業であることがようやくわかってくる。

ラジオのスタッフと言えば、プロデューサーやディレクター、ミキサー、ADなどもいるのに、ほとんどの場合、真っ先に名前が挙がるのが構成作家だ。「あの番組が面白いのは○○が作家だからだ」、「あのコーナーがつまらないのは作家の○○が悪い」などとリスナーからは言われ、矢面に立たされることも多い。ハガキ職人たちの憧れも構成作家で、プロデューサーやディレクターを目指す人はあまり多くない。

だが、長年ラジオを聴いてきた生粋のヘビーリスナーでも、「構成作家はどんな仕事をしているのか?」と問われたら、明確には答えられないのではないだろうか？

作家というぐらいだから文章……つまり台本を書くのが仕事のはず。それはわかる。番組内でのトークから判断するかぎり、コーナーの内容を考えたり、ハガキを選んだりするのも役目らしい。では、それ以外にどんな業務があるのだろうか？　ディレクターやプロデューサーとの役割分担は？　どこまで権限がある？　ラジオ業界の中にいればそのニュアンスはわかるのだろうが、リスナーからすると、構成作家は実に曖昧な存在で、その仕事はベールに包まれている。

本書は深夜ラジオの歴史を一つの軸として、一〇人の証言をもとに、構成作家という仕事とラジオを掘り下げるのがテーマである。

「深夜ラジオの歴史」と言っても幅が広すぎるので、TBSラジオ、文化放送、ニッポン放送の関東主要三局を中心に切り取っている。また、取材する人選はあくまで私個人の独断と偏見で行ったことをあらかじめ断っておきたい。

真夜中に一人でラジオを聴いていると、パーソナリティが自分だけに話しかけてくれているような感覚になる。時には、自分の部屋とラジオブースしかこの世にはないんじゃないかという錯覚にも陥る。だが、その場には必ず構成作家が息を潜めているのだ。彼らはパーソナリティとリスナーのキャッチボールを、ヒッソリと、けれども確実に盛り上げてくれる。そんな構成作家が暗躍するラジオの知られていない一面に迫ってみたい。

1 「マセキ里穂」はこうして生まれた

藤井青銅に聞く

深夜ラジオの歴史を振り返る前に、まずは構成作家という仕事の定義を掘り下げてみたい。語ってもらうのにもってこいの存在がいる。それが藤井《ふじい》青銅《せいどう》だ。

藤井は七〇年代末からラジオにかかわり、様々なジャンルの番組を担当。深夜帯でも活躍し、今もなお『オードリーのオールナイトニッポン』に携わっている。三〇年以上も深夜ラジオにかかわってきた生き字引とも言える藤井は、文字通り「作家」としてラジオ界に入ってきた。キッカケはショートショートの大家・星新一だった。

藤井がラジオ界に入った経緯は、自伝的小説『ラジオな日々』（小学館）に詳しい。社団法人の職員として働いていた藤井は、偶然、公募雑誌の記事を見て、講談社が開催した「星新一ショートショートコンテスト」に応募。五〇〇〇を超す応募作の中から選ばれた一〇編ほどの入選作に残った。

入選者は「星新一とのヨーロッパ旅行」に招待された。一一日間の旅である。参加者同士、すぐに意気投合したが、その中にはすでに構成作家として大橋巨泉事務所（当時）に所属している佐々木清隆がいた。それが藤井の運命を大きく動かす。

平穏な仕事に違和感を覚えていた藤井は、人並み程度しかラジオを聴いてなかったにもかかわらず、構成作家を志す。そして、佐々木を通じてスタッフとコネクションを作り、ニッポン放送のラジオドラマ番組『夜のドラマハウス』（月〜金の一〇分番組）の脚本を書くことになった。七九年春のことである。

とはいえ、この番組の脚本は複数の作家によるサバイバル形式で選ばれるため、自分の作品が必ず放送されるとは限らない。藤井は毎週自分の書いた脚本を担当のドン上野こと上野修プロデューサーに持っていき、その合否を受けるという作業を始める。そうして生みの苦しみを味わいながら腕を磨き、コンスタントに採用されるような地位を確立する。

収入が安定しない状況ながら、見切り発車で八〇年二月に社団法人を退社。作家一本に舵を切った。四月には初めて構成を担当する『伊藤蘭・通り過ぎる夜に』（ニッポン放送）もスタート。その後も毎週『夜のドラマハウス』の脚本を書きながら、ラジオの作家として活動の幅を広げていく。

『ラジオな日々』で印象的なのは、〝構成〟という仕事を始めた当初の話だ。

ある時、ぼくが最初にスタジオ入りしたことがあった。パーソナリティの伊藤蘭はもちろん、ディレクターの森谷、ミキサーなど、スタッフはまだ誰も来ていない。ふと見ると、調整卓側のゴミ箱にコピーの束が丸めて突っ込まれている。ぼくはそっと覗いて見た。

（前の番組の台本だ！）

ラジオの台本はほとんどが手書き原稿のコピー。収録が終わると、捨てられる。番組を録ったあとの台本なんて、なんの価値もない。作家がどんなに苦労して書こうと、それはゴミ扱いなのだ。

（中略）

この時、ぼくは周囲に誰もいないのを確認して、素早くそれを拾った。丸められたシワを延ばす。男女ペアで進行している、人気リクエスト番組の構成台本だった。

（あの番組の原稿はこういう書き方なのか……）

感心してページをめくる。その内容はもちろん、男女のセリフの分け方、決めコメントとフリートーク部分との書き分けの方法、スペースの取り方……などを見て、

（そうかぁ。こういうやり方もあるな……。あ、確かにこう書くとわかりやすい……）

ぼくは夢中でページをめくっていた。


師匠も先生も持たずにラジオの構成作家になった藤井は、ガムシャラに目の前の仕事に打ち込んだ。この時期、藤井がまだアニメ化されていなかった『Dr.スランプ』、『うる星やつら』などのラジオドラマ、アニメ映画の特番など、声優を起用した番組を担当していたことも強調しておきたい。これらの番組から生まれた流れが、九〇年代後半の声優ラジオ人気に繋がる。他にも藤井は松田聖子を筆頭にしたアイドル番組を担当した。

その後の活躍はご承知の通り。詳しくは著書『ラジオにもほどがある』(小学館)を参考にしていただきたい。アーティスト、お笑い芸人、アイドル、アナウンサーなど幅広いパーソナリティの番組を手掛けた。まだ無名の落語家・三遊亭楽大だった伊集院光の存在を面白がり、スーパーバイザー的な立場で『伊集院光のオールナイトニッポン』に携わり、架空のアイドル・芳賀ゆいや音楽ユニット・ARAKAWA RAP BROTHERSなどの仕掛けにもかかわっていた。さらに、藤井はテレビ番組でも作家として活躍。多数の著書を発表し、腹話術師・いっこく堂のプロデュースも手掛けている。

六〇年代後半に深夜ラジオが生まれて幾ばくかの時間が過ぎ、藤井がかかわるようになった頃はフォーマットも固まって、現在に近い状況になった。そこで「ラジオの構成作家」という仕事自体について聞いていこう。

「構成」ではなく「放送」作家

「ちょっと僕は放送作家として特殊なんですよ。凄くいろんなことをやっちゃってるから。ラジオ一筋にやっていらっしゃる方と比べると、ちょっと異質なんで、僕をもって、「作家ってみんなこういうもんだ」とは思わないほうがいいと思います」

そう話す藤井は、〝構成作家〟という言い方に抵抗を感じているという。

「僕自身がドラマも書くし、番組の構成もやるんですけど〝構成〟ってなんだかわからないじゃないですか?「こいつらなにをやっているんだ?」って感じがしますよね。具体的に言うと、本当に番組によって千差万別なんです」

番組の要素を並べ替えることだけが仕事の場合もあれば、企画物のミニドラマの台本を書くこともある。延々とナレーションの原稿を書くこともあれば、番組に必要なリサーチをする場合もある。一概に〝構成〟という言葉で括るには無理があるほどその仕事は幅が広い。

「これはテレビも含めてなんです。テレビでも、取材してきたVTRを見て、「この順番は変えたほうがいいんじゃないの?」と作家が言ったりするんですよ。それは文字通り、〝構成〟という感じがしますけど、ナレーション用の文章を書いたり、再現VTRが必要ならその台本も書くわけです。そうなると、ほとんどドラマですよね。ドラマ専業の人が「脚本家」や「シナリオライター」と言われて、ドラマを書かない人が「構成作家」って言われているんですけど、割合こそ違えど、両方やっている方も結構いるんです。僕はもう引っくるめて、みんな〝放送作家〟でいいと思うんですよね」

この章ではその意見に従い、〝放送作家〟という記述で進めていこう。

この本の主題でもある〝ラジオの放送作家〟という職業は、実際のところ、あまりに漠然としていて、どんな仕事をしているのか、当事者でなければ想像しづらい。

「みんなわからないでしょうね。それぞれの番組ごとに違うんですよ。僕はもともとドラマから入っていますから、短いラジオドラマの台本をずっと書いてました。以前は特番でもラジオドラマを書いたことがありますけど、ドラマ以外の残り全体の構成台本も書くこともありました。三〇分番組だとまた書き方は違うし、アイドルの番組だったら、女の子の喋りを書くんですよ、オジサンが(笑)。もしポエムを入れることになったら、作家がそれっぽいことを書くしかないんです。だから、「この番組では何をやっているんですか？」と言われたらやっと作家としての仕事を答えられるという感じですね」

同じ「オールナイトニッポン」でもパーソナリティが違えば、放送作家の仕事も違う。当然、他局の番組ともみんな違う。さらに、作家とディレクターの信頼関係、パーソナリティを務めるタレントとの関係性、作家の人数や年齢などによっても変化する。

「レギュラー番組なら作家は一人か、せいぜい二人ぐらい。ラジオって所帯が小さいですから。昔は特番なら五、六人でやってたんですけどね。たくさんいれば、それぞれ得意分野をやれば済むんですが、レギュラーになると、基本は一人。例えば、ラジオドラマがあるとしたら、そのドラマを書かざるを得ないし、オープニングで毎回季節の話題に触れるなら、その台本を書かなきゃいけない。クイズがあったら、それもその人が考えなきゃいけない。結局、一人の作家が全部やらなきゃいけないんです」

テレビの構成の場合、これを複数人で対応しており、分業で担当する。

「だから、テレビに行くと凄い楽なんです。楽でギャラがいいという（笑）。我々はラジオ出身だから、一通り全部できるんですけど、テレビ出身の人は一つのことで育ってきちゃっているんで、他ができないんです。そこの違いはあるかもしれないですね」

全体を管轄するプロデューサー、番組の進行や内容を管理するディレクター、アイディアを提供して台本を書く放送作家と、それぞれの立場に棲み分けはあるが、ニュアンスはやはり番組ごとに違う。しかし、最近では放送作家とＡＤを兼任するような例も増えてきていると藤井は警鐘を鳴らす。

「FMや地方局は特にそうですけど、今は人件費を節約して、作家なのか、ADなのかよくわからないような仕事をさせられていることもあります。要するに二人分の人件費を一人分で済ませて、一・五倍ぐらい動いてもらうという。かなり前からそういう風になってきているんですが、僕はずっと怒っているんですよ。そういう作家は意外に文章が書けないんです。テレビのナレーションもディレクターさんが書いている場合もあるので、日本語としておかしい時がある。あれは作家にちゃんと任せないと。そこは人件費の節約をしないほうがいい」

他業種でも同じような現象は起きていて、出版業界でも編集者とライター、さらにカメラマンなどの間にある垣根がなくなり、複数の役目をこなす形が増えてきている。「確かにお金が安くて、手早くていいんですけど、何人かの知恵が必要なことってあるじゃないですか」。そう藤井が訴えるのは、そこにこそ放送作家の役目があるからだ。

「楽しい番組を作りたい。面白い番組を作りたい。目的はみんな一緒なんです。でも、ディレクターは最終的に責任を持たなくてはいけない。番組をちゃんと放送しなければいけないし、公序良俗に反したことがあったら、怒られるのはディレクターなわけです。局の人間であろうと、制作会社の人間であろうとそれは同じです」

だが、作家は反対に「責任がない」職業なのだ。

「作家は作家で、中身を考えるんですけど、責任感がないんですよ（笑）。だって、責任があるのはディレクターですから。で、矢面に立たされるのはタレントさんですから、作家は責任感がないんです。でも、そこが実は大事で、好き勝手なことを言えるんですよ。あと、局への忠誠心がない（笑）。それは、ディレクターもプロデューサーもわかってて使っているんですよ。他局の情報や制作のノウハウを持ってきてほしいわけで、作家がそれを他に流出させることもわかっているんです。局から局への渡世人みたいなことですよね。それはディレクターもありだと思って使っているはずです。そういう人がいたほうがいいんですよ」

　同じスタッフで毎回番組を作っていると、いつしか振り幅が狭くなっていき、予定調和の内容に陥りがちだ。そんな時、他局からアイディアを引っ張ってきて、無責任に石を投げて波紋を起こす人間が必要となる。それも放送作家の役割の一つだ。

「僕なんかは本を書いてるので、出版界のアイディアを持ち込んできたりもしました。僕はラジオで出発して、一〇年後ぐらいにテレビに行きましたけど、テレビのプロデューサーに「ラジオでは面白い人いない？」って必ず言われるんです。「テレビでは全然売れてないけど、ラジオでは面白そうな人がいない？」って。結局そういうことですね。他からパクるとか、パクられるとか。そういう意味で、放送作家って重要な気がします」

　そんな無責任な存在が必要なのは、どんな物作りの現場でも同じ。例えば、藤井は落語というジャンルにもかかわっている。落語家・柳家花緑《やなぎやかろく》のために、現代の時事を元にした落語を執筆しており、その作品は『柳家花緑の同時代ラクゴ集　ちょいと社会派』（竹書房）として書籍化もされた。

「柳家花緑さんは自分で落語を書かないんです。いや、書けるんでしょうけど、あえて書かないんです。新作落語をやる噺家ってほとんどが自分で作って、自分でやるんです。でも、花緑さんは「やっぱりそれはよくない」と言っているんですよ。自分で作る人は自分の得意な話を作っちゃうんですよね。固有名詞がいっぱい並ぶような話は覚えにくいから作らない。でも、僕の場合はやるのが他人だからと思って、とにかく聞いて面白い話を作っちゃうわけ。それで、花緑さんがヒーヒー言いながら覚えるんですけど、ラジオもそういうことだと思うんですよね」

フリートークVS台本

では、そんな無責任で忠誠心のない放送作家に必要な能力は何だろう？　どんな作家に聞いても、まず最初に挙げるのは、コミュニケーション能力。いくらアイディアが豊富でも、社会人としての基本的なやりとりができない場合は作家としての仕事が成立しなくなる。その上で、コンスタントにアイディアを生み出す力も必要になる。

「リスナーとしてラジオに投稿する場合、気が向いた時だけすればいいじゃないですか。でも、仕事だとそうはいかない。今日は忙しいから、今週はアイディアが浮かばないからといって、パスするわけにはいかないわけで。そこがプロとアマの違い、作家になれるかなれないかの違いかもしれませんね。突飛なことを考えるのは、絶対素人のほうが強いですよ。だって、生涯に一本しか書けなくても、それが大ヒットになったりするわけですから。でも、放送作家は常にそれができなくても、せめて打率三、四割はちゃんと打たなきゃいけない。使うほうからはそれを求められますから」

専門職はある程度の打率を求められるもの。アイディアをひねり出す苦労は常に放送作家につきまとうが、同時に放送作家独自のやり甲斐もある。

「作家としてガッツポーズをする時と、番組スタッフとしての時は違うんです。番組スタッフとしては、仕掛けたことが世間で話題になったり、最初は無名だったタレントさんがドンドンとメジャーになっていったり、そうやって人気になっていくのは単純に嬉しいんです。あるいは、書いたものに「面白かったです」、「あのドラマが良かったです」とリアクションが来たりすることも嬉しい。ただ、作家個人としてはタレントさんとの戦いもあるんですよ。やっぱり勝った負けたを何となく思っていて……俺だけかもしれないなあ（笑）」

あくまでも藤井個人の感覚かもしれないという但し書きはあるとしても、作家が感じる〝パーソナリティとの戦い〟という意識は興味深い。例えば、ラジオドラマであれば脚本の出来自体が大きな影響力を持つから、番組における作家の重要性が必然的に高くなるし、そこにパーソナリティとの戦いは生まれにくいはず。しかし、〝構成〟という仕事だと意味合いが違ってくるというのだ。

「例えば「私は喋れるんだ」、「俺は結構ベシャリができるぞ」って思っているタレントさんっているじゃないですか。誰とは言いませんけど、世の中にはいっぱいいるんです。そういう人たちってだいたい原稿は読まないんですよ。自分が喋れると思っているから。でも、芸人さんでも「フリートークで喋ってごらん」ってやると、まあ、喋れないんです。みんな喋れると思ってますけど、五分間喋れるかと言ったら無理なんです」

そんな状況の時に助けになるのは作家が書いた台本だ。しかし、パーソナリティによってはそれを無視する場合もある。

「毎週フリートークがあったりすると、人によっては「こんな作家風情が書いた原稿よりも俺が喋ったほうが面白いんだ」と無視する。それは別にいいんです。でき上がったトークが面白ければそれでいいんですけど、僕が書いた原稿よりも、喋り手が自分で考えて台本を変えたトークがつまらなかったら、勝ったと思うんですよ（笑）。反対にその話が面白かったら負けたなって。それはしょうがないんです。その人の力が上なんだから。でも、つまらなかったら、「だから、言ったじゃん。俺の書いた通りに読めばいいのに」という思いがあるんです。その通りに読んだらどうなっていたかはわからないですけど」

放送作家の心の中だけで展開される贅沢な勝負。さらにレベルが上がると、相手は「原稿はいらない」という猛者になる。

「喋りが達者な方には「原稿はいらない」という人もいるんです。「俺は喋れるからこんなのいらない」って言うんですけど、だいたい一カ月ぐらい経つと、「原稿を書いてくれ」って言ってくるんですね。その時は個人的に「勝った」と思います（笑）。なぜかというと、自分が凄く喋れる、ネタがいっぱいあると思っている人でも、毎週となると話すことがなくなるんです。そんなもんなんですね。こっちは話す項目だけを書いてるだけなんですけど、そのキッカケがあるだけでも随分と違ってくるんです」

話の展開案や脱線の仕方までを常にパーソナリティが考えられるわけではない。そんな時、放送作家の書いた台本が生きてくる。しかし、稀にそんな作家の考えを上回る天才が現れる。藤井にとってのそんな相手は古舘伊知郎とビートたけしだった。

パーソナリティの「切り口」と「語り口」をひきたてる

藤井は八〇年代後半に放送されていた『古舘伊知郎の独占！オールニッポンヒット歌謡』（ニッポン放送）を担当していた。テレビ『オシャレ30・30』（日本テレビ）やトークイベント『トーキングブルース』などでも仕事を一緒にしている。

古舘のような〝言葉の魔術師〟がパーソナリティでも当然放送作家は台本を用意する。そして、古舘はその台本を完璧に料理してきたのだという。

「時事を斬るような内容だったんですけど、古舘さんはあれだけ喋れる人なのに、毎回僕の原稿を読むんです。項目だけ書いてあるような台本なんですけどね。あのぐらいできる人なら、普通は面白くないところは自分でカットして、その部分に自分のネタをはめ込むんです。でも、古舘さんは全部読むんです。全部読んだ上で、自分の考えたものを乗っけてくるんですよ。僕がたとえとして三つ乗っけていたら、古舘さんはそれを全部面白く話して、残り二つを乗っけてくるんですよ。そうすると、リスナーにとっては面白いですよね。二人分の知恵が合わさるわけだから。一応僕のはちゃんとやった上で、自分も足すという作業をやるから、だいたい時間が延びるんですけどね（笑）」

たけしの場合、直接的な関係はない。藤井はリスナーとして何か事件が起きるたびに、八〇年代に放送されていた『ビートたけしのオールナイトニッポン』で語られるトークを気にして聴くようにしていた。ニッポン放送のお膝元である有楽町で三億円事件（八六年）が起きた時、藤井は古舘の番組における台本の中で、「三億三〇〇〇万円奪われた」ことに着目し、犯人はそれを割り切れる三人、もしくは三三人ではないだろうかという考えを書いた。

「たけしさんもオールナイトの中でこの事件について喋っていて、三並びに注目して業界の人間が犯人だというわけ（源泉徴収の関係で、当時の芸能界では同じ数字並びの請求が基本だった）。僕は凄く嬉しかったんです。二人とも三が並んでいるところがヘンテコで面白いぞと思って、そこをキッカケにトークを広げたわけで」

藤井はパーソナリティに「その人らしいことを喋ってほしい」と考えている。世の中で起きていることを、パーソナリティがどういう視点で見て、どんな面白い話にできるのか？　それは確かにラジオの醍醐味の一つだ。そんなトークには、その人らしい〝切り口〟と〝語り口〟が必要になる。

「時事を話すって社会批判みたいに思うかもしれないけど、実は時事があるとネタに困らないんです。毎週フリートークをする時に時事抜きでやるのは本当に大変ですよ。自分の行動だけだったら。あるものは使ったほうがいいし、リスナーも喋り手もみんな共通して知っていることですから。笑いにできないこともありますけど、大きな事件があった時、その人がどう語るのかっていうのは重要な気がしますね」

藤井が現在携わっている『オードリーのオールナイトニッポン』の現場でも時事の大切さについて話し合うことがあるという。今の深夜ラジオで時事が語られることは、六〇年代や七〇年代はもちろん九〇年代と比べても明らかに少ない。特にお笑い芸人がパーソナリティになると、語られるのはワイドショー的な芸能界の噂話ぐらいで、社会情勢や政治的な話題は極端に少ない。しかし、そこに大事なものが隠されているという。

「タレントさんって忙しいから、ビックリするぐらい世の中のことを知らない場合があるんです。新聞を読んだり、テレビのニュースを見たりする時間がなくて。特にお笑いの人は、お笑いフィールドの中で一〇年、二〇年と過ごしているから、閉ざされた世界の中の話題だけで生きているわけですよ。それはよくないと思うんです。ファンも歳を取るわけじゃないですか。そういう人たちは実世界で生きているわけですよ。野菜が高いなとか、最近地震が多いなとか、いろんなことが起こる中で、ファンは日々暮らしているわけだから。そうすると、社会の経験値がファン側は上がっていく。でも、芸人さんがお笑いフィールドの中だけで終わっちゃうと、あるところまで一緒に成長していくけれど、途中でつまらなくなっちゃうんですよね。そうすると、結局タレント寿命を短くするから、ある程度の世の中のことをわかっていないと」

実際にそれを喋らなくてもいい。内容によっては面白く話せない場合も当然ある。それを踏まえた上で、オードリーには時事の必要性を常に訴えている。

「ちゃんと世の中で何が起こっているか知ってなきゃねってことは、いつもオードリーとは話してますね。それを時々台本に書いたり書かなかったりするんだけど、それを喋るかどうかは任せているんです。そうやって、世の中はこうなっているよと誰かが教えるのは重要だと僕は思っているので。これは勝ち負けではないんです。「忘れないでね」みたいなことですね」

フリートークと同じぐらい「メールやハガキを受けてどう喋るのか?」がパーソナリティには重要になる。リスナーとキャッチボールを交わす核の部分であり、番組の肝とも言える。また、作家としてパーソナリティに語ってほしいテーマがあっても、それを直接ぶつけづらいことがある。そんな時にキッカケとしても投稿が活きてくる。

「フリートークの「みんなが知っている事件をどう広げるのか?」という部分と一緒で、ここにあるお便りからどんな話が広げられるかが大事なんですけど、喋り手でそれをわかってない人が結構いるんです。「このお便り自体が面白いかどうかなんだ」と勘違いしていて。何万人もいるリスナーが送ってくれるから、面白いものを選べばそれはある程度の数になるんです。でも、どうってことないメールをちゃんと面白くできるほうが偉いと僕は思います。どうやってメールから広げられるかが重要な気がしますね。それはあんまりタレントさんに言ってないスタッフが多いと思います」

ある時、藤井はハガキをサラッと読んでしまうパーソナリティに話を広げる重要性を伝えようと、「ここからこんな話ができる」と事細かく文面を解説したことがあるという。

「投稿を選ぶほうが実は大事なんですね。「この人にこんな話をさせたい」と考えながらやる必要があるので。無論、思いもかけない話が出てくることもありますけど、スタッフはある程度予想して、投稿そのものはどうってことない内容でも、そこから面白い話に広がりそうなものをちゃんと入れてあげることが大事な気がしますね」

ハガキ選びはめんどくさい

藤井が担当した代表的な番組の一つは、『ウッチャンナンチャンのオールナイトニッポン』だろう。八〇年代から九〇年代にかけて一世を風靡したビートたけしやとんねるずのオールナイトニッポン終了後、お笑い系の中核になった番組だ。

八九年四月に番組はスタート。前年には『笑っていいとも!』(フジテレビ)のレギュラー出演や、ダウンタウンらと共演した『夢で逢えたら』(フジテレビ)が始まっており、まさにウッチャンナンチャンがブレイクするタイミングでの起用となった。時を同じくして、テレビでも冠番組が次々と生まれていく。この番組は九五年四月まで六年間続いた。

番組の特徴はとにかく仕掛けが多いこと。番組発の期間限定アイドルとしてマセキ里穂、長女隊を生み出し、イベントも定期的に開催。九三年には日本武道館で行っている。番組に関連したCDや書籍も多数発売した。

立ち上げた時のディレクターはのちに日本テレビに転職して『特命リサーチ200X』や『世界まる見え!テレビ特捜部』など人気番組を手掛けた安岡喜郎《やすおかよしろう》。構成作家は藤井と若い笹《ささ》沼大《ぬままさる》の二人体制だった。ここからは、具体的な番組に当てはめて、放送作家の仕事をひもといていこう。

番組がスタートした当時、内村光良も南原清隆も二四歳。現在の基準で考えると、お笑い芸人として深夜ラジオのレギュラーを持つ年齢としてはかなり早い。

「今は芸人さんそのものが高齢化してますよね。三〇代半ばぐらいで売れるのが普通な感じじゃないですか。昔より一〇年遅いんです。当時、一〇時台の夜ワイドは『三宅裕司のヤングパラダイス』。一家団欒のテレビのある居間から、自分の部屋に戻ってラジオを聴く時間で、中高生向けだったんです。僕は携わってないんですけどね。大ヒット番組だったんですけど、三宅さんも夏休みを取るじゃないですか。そこでお試しのピンチヒッターを使う。その時に「お笑いの中で誰がいいかと言ったら、ウンナンじゃないか？」ということになったんです。で、実際にやってみたら面白かったんで、そこからオールナイトニッポンのレギュラーとしてプッシュされて。その作業はディレクターがやることだから、僕は何もできてないですけど」

放送作家がブースの中に入り、パーソナリティと対面して番組を放送するのが、ラジオの形だと考えている方は多いだろう。しかし、藤井はそのスタイルを全肯定していない。『ウッチャンナンチャンのオールナイトニッポン』が始まる前にもそこが問題になった。

「普通、深夜ラジオの場合、作家がブースに入るんですよね。でも、僕はほとんどブースに入らないんです。元はドラマを書いていたから。ドラマは作家が中には入れないですから、外で聴いているんですね。実は外で聴いたほうがいいんです。リスナーが聴いている音ですから。作家はスピーカーから聴こえる声を聴いたほうがいいんですよ。だって、リスナーが聴いている音ですから。でも、ブースの中だと、生声を聴いちゃうでしょ？　聴こえ方がちょっと違うんですよね。ミキサー卓のあるサブにいてスピーカーから聴いていると、「こういう言い方はあまりいい感じがしないなあ」とか、「この文章は直したほうがいいなあ」とか、そういうことに気づくんです。でも、中にいると、やっぱり目の前に人がいますから」

しかし、オールナイトニッポンはパーソナリティと作家のやりとりやそこから生まれる盛り上がりが一つの特徴。そこで藤井は妥協案を考え出す。

「当時、オールナイトニッポンはほとんど作家一人体制だったんですけど、僕が無理矢理に誰か入れてくれと言って、笹沼君に入ってもらったんですよ。なぜかというと、ウンナンが二人なんで、二対一が嫌だから（笑）。笹沼君に入ってもらって、ずっと彼がハガキ選びをしていました。だから、僕はその場で初めてネタを聴くんですよ」

放送作家といえば、番組のハガキ（今はメール）選びを担当しているイメージがあるが、藤井の場合は別の作家などに任せてほとんどやったことがないという。

「やらなきゃいけないんでしょうけど、面倒くさいじゃん（笑）。本当は選んで、読む順番も決めて……タレントさんがそれを変える場合もありますけど、順番って大事なんで、それはちゃんとコントロールしたほうがいいんです。でも、他にやる人がわかっていれば、別に僕はチェックしなくていいかなって」

藤井は『ウッチャンナンチャンのオールナイトニッポン』を担当することになった際、深夜ラジオの大きな変化を感じていた。それはメディアとしての変化でもある。

「僕が作家になった頃、上野さんや偉い人に言われたのは「ラジオはパーソナルメディアである」と。ラジオは一人で聴いているというわけです。古き良きラジオの聴き方ですよね。テレビは一家に一台しかない時代で、子供たちは部屋でラジオを聴いているというパターン。そうすると、テレビは「皆さん、お元気ですか？」と言うけども、ラジオを聴いている人は一人だから、「あなた」や「君」っていう二人称で呼びかけなければダメだよって言われたんです。目の前にいる感じで喋りなさいと言われてたし、台本もそういう風に書いてたんですね」

ウンナンはアパートで車座で話している

黎明期の状況は次章で改めて紹介するが、対個人というスタンスで深夜ラジオは作られてきた。お笑い芸人がパーソナリティを務める場合も、基本は一人であることが求められた。

「お笑いコンビで番組をやると、二人で話しちゃうから。マイクに向かって喋らないでしょ？　たけしさんだって、ツービートじゃなくて、たけしさんピンってことですよね。ただ、たけしさんの場合は、作家の高田文夫さんが前にいて、その高田さんに向かって喋っていた。最初に聴いた時は邪道だなと思いましたけど、ラジオの形が変わってきたんだなという気がしました」

それまでの作り方に準じるなら、ウッチャンナンチャンに関しても『ウッチャンのオールナイトニッポン』、『ナンチャンのオールナイトニッポン』にするのが正しい形。しかし、それに違和感が生まれる時代になっていた。

「あの時、「たけしさんの番組のやり方はどうだろう？」って凄く言われてたんです。「リスナーに直に語りかけないで、高田さんに喋ってるじゃん」って。だけど、従来のやり方はもうちょっと違うのかなと僕は思ってたんです。たけしさんの番組を聴いていたせいかもしれないですけど、やっぱり直で言われると暑苦しいんですよ。七〇年代まではよかったのかもしれない。熱い時代だったから、照れくさくもなくね。だけど、八〇年代になってくると、「そんな直に兄貴風を吹かされても……」という感覚がなんとなくあって」

藤井が『ウッチャンナンチャンのオールナイトニッポン』で意識していたのは、パーソナリティ二人とリスナーが車座になっているイメージだ。まるで学生のアパートで喋るような雰囲気。そんな風に番組の作り方も変えていった。

番組が始まったのはラジオ業界が一番潤っていた時代。オールナイトニッポンには多数のスポンサーが付き、番組で読み上げられる提供クレジットは一〇～一五件近くあった。

「提供クレジットって絶対に間違えちゃいけないことですから、台本とは別にちゃんと用紙があるんです。それをみんな読むわけ。当時で言うと、ブルボン、ポッカコーヒー、B.V.D.富士紡……以上の協賛でっていう。これがひとつのステータスでもあったんですけど、今はほとんどないですからね」

『ウッチャンナンチャンのオールナイトニッポン』の特徴はさきほども書いたようにその仕掛けの多さだ。そんな番組になったのは、スタッフ側の意識も時代に合わせた考え方になっていたから。それは「ラジオは注目されていない」という意識だ。

「リスナーに聞いたらわかるけど、ラジオを聴いている人なんて友達にいないでしょ？　みんな孤立している人たち、友達のいない人たちで（笑）。学校でもクラスでラジオを聴いている人は一人か二人。だから、ラジオってもはや〝マスコミ〟じゃないんです。〝ミニコミ〟でもないですけど、中間の〝ミディコミ〟ぐらいの感じで。僕も作家を一〇年ぐらいやっていて、テレビもやるようになってましたから、だいぶわかって来てたんです。ラジオで何をやったって注目されないんだって」

そこで、藤井たちスタッフは「ラジオだけだと注目されないなら、何かとくっつけて騒ぎを起こそう」と意図的に動いていく。「どんなにいい番組をやっても、その番組だけで評判になるとか、大きな人気になるとかってことは、その時点で最初からありえないと思っていた」という藤井の感覚は現在のラジオにも当てはまるだろう。

図らずも藤井は『伊集院光のオールナイトニッポン』で生まれた架空のアイドル・芳賀ゆい

のプロジェクトにもかかわっていた。実体がおらず、リスナーによってひな形が作られた芳賀ゆいはCDデビューや写真集発売なども実現させていた。『ウッチャンナンチャンのオールナイトニッポン』でも映像ソフトや番組本やCDの発売、イベント開催のみならず、水着の女性を準備して「『ウッチャンナンチャンのオールナイトニッポン』のキャンペーンガールがスポーツ新聞社訪問」という企画まで細かくやっていった。

番組発の一番大きな仕掛けは、アイドル・マセキ里穂のデビューだ。当時、JR東海のテレビCM『クリスマス・エクスプレス』で女優・牧瀬里穂の存在が脚光を浴びていた。彼女は九一年一〇月にシングル『Miracle Love』でCDデビューすることになる。そこで、「ウッチャンナンチャンが所属しているマセキ芸能社と牧瀬の響きが似ている」という他愛もない理由で、このアイドルプロジェクトが始動した。作家の笹沼が細かいアイディアを出し、藤井はそれをいかに大きな流れにしていくかを考えていた。

マセキ里穂の活動期間は夏休みの一カ月間。リスナーから選び、つかの間の芸能人気分を味わい、本家の牧瀬里穂がデビューする前に引退させると最初から決まっていた。期間限定アイドルの走りと言えるこのアイディアは、期間限定ビールの存在から藤井が考え出した。牧瀬と同じく、ポニーキャニオンからCDデビューさせることがほどなく決定。あとは番組内でオーディションをするのみ。そこで、藤井は更なる盛り上がりを生み出すべく、「マセキ里穂って言ってるけど、実はマセキと里穂の二人にしよう」と無茶苦茶なアイディアを転がしていく。

悪ふざけはさらに続き、牧瀬のデビュー曲『Miracle Love』の曲名に似せて、マセキ里穂のデビュー曲は『奇跡なんて信じない』に決定した。

「作詞はウッチャンナンチャンってことになっていますけど、もう二人も藤井青銅が書いていると言っちゃっているんでいいでしょう。僕が作詞してました」

だが、発売直前になって、ポニーキャニオンから「タイトルを変えてもらえませんか?」という連絡が入る。

「あくまでもマセキ里穂は盛り上げじゃないですか。牧瀬里穂さんのデビュー前にインチキな曲が出て、勝手にやって勝手に辞めていく。その後に本家が登場するというのは誰でもわかる方式なんです。ポニーキャニオンの現場の人はわかってくれたんですけど、上の人が「牧瀬里穂に対して失礼だろう」って……。『奇跡なんて信じない』っていいタイトルで、内容も別に牧瀬里穂さんを否定しているわけじゃないんですけど、最終的に『世界で一番素敵な奇跡』として発売しました」

このデビュー曲はオリコンチャートで一二位を記録した。これに味をしめた『ウッチャンナンチャンのオールナイトニッポン』では三人組のユニット・長女隊を立ち上げる。すでにある少女隊をもじり、ウッチャンナンチャンが二人とも長男で、「ちょうなんず」の名でデビューする予定があったという話にもあやかって、この名前に決定した。藤井は「これはうまくいかなかったんですけどね」と苦笑する。

番組のイベントは徐々に大規模となり、そのゴールとして日本武道館での開催が決定する。長女隊の引退、そして南原清隆生誕二八周年記念として九三年二月に行われた。スポンサーを付け、無料でリスナーを招待した。

「当時だったら券売してもうまくいったかもしれないけど、リスナーのためにそれはやりたくなかったんです。ディレクターの安岡さんがバイクのYAMAHAさんにスポンサーになってもらおうと、本社がある浜松まで企画書を持って行ったんです。会場にバイクを飾りますとか、我々でも補強材料を用意して、彼の背中を押したんです。我々が行くわけにはいかないですからね。フリーランスの責任感ない立場ですから（笑）。やっぱり局の看板を背負った名刺を持った人が行かないとダメなんです。それでやっとOKになってできたイベントですね。評判も良かったです」

スタッフが勝手に面白おかしく考えたことに対し、ウッチャンナンチャンの二人は綿密な打ち合わせがなくとも全乗っかりで応える。そんな風にしてこの番組は作られていた。

スポンサー数に比例して、当然動いている金額も今とは違う。藤井は「そうなんです。だから儲からないよ、ラジオは。入ってくるお金が少ないと、当然配るお金も少ないですからね」と苦笑する。だが、そんな今だから当時のようなダイナミックな仕掛けができないという意見は明確に否定した。

「お金がなくてもできることはあるじゃないですか。例えば、芳賀ゆいはオールナイトニッポンの二部でやったこと。一部ならスポンサーがいっぱい付いていたから、今よりも予算はあったと思いますけど、二部だったので、結局スタッフが手弁当で動いてましたから。精神論っぽくなっちゃうけど、やっぱり手弁当で動けばいいんだから、今でもできると思います。そして、イベントとか番組本とか、他でスタッフの収支をあわせてあげる」

番組は六年間続き、九五年春に終了することになった。藤井は「さりげない終わらせ方」を意識したという。

「特にお笑い系はそうだと思いますけど、さりげなく終わらせたいじゃないですか。盛り上げて終わるとカッコ悪いじゃん。さりげなく終わって、結果として盛り上がるのが一番美しいですから」

内村と南原が七番勝負で対決する人気ネタコーナー「タコイカじゃんけん」は最終回も行われたが、まるで当たり前のように次回のテーマを発表している。それが、一三年後の復活特番の際に形になった。

小さな違いで変化をつける

藤井は現在もチーム付け焼き刃（番組スタッフの総称）の一員として『オードリーのオールナイトニッポン』にかかわっている。まるでウッチャンナンチャンをなぞるかのように、積極的にイベントなどを行っている。とはいえ、ブースに入ることもない。オードリーの二人と同世代の放送作家・奥田《おくだ》泰《たい》にブース内は任せ、今は自分の理想である外側で毎週の放送を見守っている。

「でも、八〇～九〇年代のリスナーの気質は変わってないと思うんですよね。だって、みんな生まれた時は赤ちゃんじゃないですか。一〇〇〇年前もそうですよ。誰でも一〇代になって思春期を迎えますし。これは信長の時代だって、平安時代だって一緒ですよ」

放送作家の仕事も変化を余儀なくされた。ラジオ自体も技術の進歩があり、放送形態も変わっている。作家の仕事で言うと、当初は手書きだった台本も今やパソコンで書くのが当たり前になった。藤井が作家になった当初は各テレビ局、ラジオ局に専用の原稿用紙が準備されていた。さらに昔、藤井の先輩世代は、本番ギリギリの非常時にカーボンコピーを使い、筆圧を利用して複数の台本を書いていたという逸話がある。それに比べると、台本の書き方も大きく進化した。しかし、そのために失われた感覚もある。

「レギュラーコーナーにある締めの言葉やメールの呼び込みや告知みたいに必ず決まっている言葉ってあるじゃないですか。今はすでにあるものをコピペして使えばいいわけです。でも、手書きの時はそれも毎回書くわけですよ。そうすると、文章をちょっと変えたくなるんです。それがサービスってものじゃないですか。「ドンドン送ってね」を「ドシドシ」にしてみようとか、「ジャンジャン」にしてみようとか。季節の挨拶を付けたり。僕は毎回そうしてました。もちろんしていない作家もいましたけどね。でも、パソコンで書くようになると、やらないんですよ。そんな面倒くさいことはしませんから。変えたいところだけ打ち直せばいいと。でも、これはよくないと思います。その時その時の感覚ってあるじゃないですか。そういう変化はあったほうがいいと僕は思います。手書きから始まった人はそれがわかってやってますけど、最初からパソコンで始めると、そういう感覚はゼロでしょうね。だから、見た目は揃った台本なんだけど、あんまり面白くないと思うことは多いです」

自分の考えを話す勇気

ここまで放送作家の視点からラジオについて語ってもらってきた。最後に藤井が思う理想のパーソナリティについて聞いてみよう。

具体的な名前として挙がったのは松田聖子だ。現在、彼女は『オールナイトニッポンMUSIC10』の月一パーソナリティを担当しており、藤井が構成を務めている。

「デビューから三十数年経って、一緒にレギュラーをやっているんですよ。彼女はスーパースターだから、三〇年経ってもレギュラーをやるのは珍しくも何ともないけど、よく僕が生き残ってたなあと思って(笑)。凄くありがたいことなんですけど、彼女は面白いです。ラジオをよくわかっている」

松田聖子はデビューした八〇年に『ザ・パンチ・パンチ・パンチ』(ニッポン放送)で藤井の師匠的存在である上野プロデューサーらにラジオの基本を叩き込まれていた。

「ホントに初歩的なことなんですけど、四択のクイズを出したら、「一はいかにもだから、私はこれを選ぶと思っているんですけど、意外と二なのでは? なぜかと言うと……」と考えたことを全部言うわけ。これは当たり前のことなんですけど、意外にできないんです。途中の思考過程をちゃんと口に出すことを彼女は普通にできる。そういうことはちゃんと教えてあげないといけないんですけど、彼女はそれがうまいんです」

アイドルがデビューすると、早い段階でラジオ番組を担当する。かつての人気アイドルは決まってこのコースを通り、トーク術に磨きをかけた。今でもこのスタイルは、以前ほどではないが継承されている。

「一〇代でラジオで喋るわけですよね。自分が一〇代だった頃を考えてもらいたいんですけど、日本中の大人が聴いている状況で、学校の友達としか喋ったことない人がすぐに人前で喋れないですよ。そうなると怖いから、決まり切ったこと、誰にも怒られないようなことを喋るんです。あるいは、マネージャーさんに一応ＯＫを取って喋るという。ただ、ラジオで毎週喋っていくと、作家やディレクターに「こうやって喋ったらいいよ」とか、「こういう喋りをすると嫌な思いをする人がいるかもしれない」とか、アドバイスをもらっていく。そうやって大人の中で喋るやり方をラジオで訓練していくと、半年ぐらい経ったら、喋りが凄くうまくなるんです」

ちなみに、藤井は二〇〇〇年代初頭までアイドルの番組を担当していた。「聴いているほうとしては女性アイドルと同じブースに男のスタッフが入っているとイヤじゃないですか。男の気持ちとしては。絶対に声は出さないけど、なんとなくそこにいる感じはわかりますよね？自分に語りかけてもらいたいのに、目の前に誰かがいるって」。そう考え、ブース内には入らないようにしていたが、深田恭子の番組を受け持った際、彼女が風邪気味だったため、体調が悪そうだったので、一緒にブースに入った回があったという。

その時、「熱があるんです」と言われ、心配なので相手のおでこを触って、「大丈夫。熱はないよ」と返した自分に驚き、「アイドルを娘みたいに思っている人間が番組を作っちゃダメだ」と考えた藤井は、若い作家にバトンタッチし、それからアイドルの番組を受け持たないようになった。

話を元に戻そう。お笑い芸人からアイドルまで、様々なパーソナリティを見てきた藤井にとって、〝いいパーソナリティ〟とはどんな存在なのだろう？

「喋りのうまい・へたはどうでもいいと思うんです。滑舌がいいに越したことはないし、声がいいほうがそれはいいですけど、とにかくその人がその人らしい語りをできることじゃないでしょうか。それは時事についても、時事じゃなくても、自分がこう思うんだとちゃんと話せる人ですね」

テクニックではなく、スタンスの問題。藤井はそれを「勇気」と称す。

「ラジオってメジャーなメディアじゃないって言いましたけど、とはいえ何万、何十万もの人が聴いているわけです。で、それはやっぱり怖いわけですよ。どんなことを言っても、その意見に反対の人がいるわけじゃないですか。怒る人も当然いる。そこがわかった上で、自分の考えをちゃんと言うのは勇気のいることだと思います。それがしっかりできることがパーソナリティには重要だと思いますね」

映像がないぶん、ラジオはパーソナリティの気持ちや思いがリスナーにダイレクトに伝わる。だからこそ、その勇気はリスナーと向かい合う上で、もっとも重要なことなのかもしれない。

「意外にその勇気を持っていない人がいるんですよね。いいことを言っているような気がするけど、実際は新聞の社説みたいなことを言ってるよねって。どこかで読んだようなこと、どこかで誰かが話していたことを言っている人が今でもいるんです。やっぱり自分の言葉や意見を持ってないと。間違っている・間違ってないは別のことですけど。あと、人を不快にしないように配慮するのは最低限のことですから。だから、「その人じゃなければ」っていうことだと思います。ラジオもテレビもそうですけど、別に誰が喋ったっていいんですよ。タレントじゃなくてもいい。面白い人がいればいいんです」

コラム　深夜ラジオの誕生

一九六〇年代、ラジオ界は窮地に陥っていた。五三年に日本でテレビ放送がスタート。瞬く間に世に広がり、電通調べによると五九年には早くもテレビがラジオの広告費を上回った（本書内の広告費はすべて電通調べ）。六二年にはラジオの広告費が初の前年割れを起こし、その後、四年連続で右肩下がりが続く。反対にテレビは五九年の皇太子ご成婚、六四年の東京オリンピックなどの国民的行事を機に急速に普及。六五年には一人あたりのテレビの視聴時間がラジオの聴取時間を上回り、メディアの主役はテレビに移り変わる。セッツインユース（全体のラジオ機のうち何％が実際に稼働しているかを示す割合。本書内の数字はすべて平日平均）も激減し、六〇年代は一〇％を切ることもあった。現在も「ラジオは厳しい」と言われているが、五〇年前も同じ状況だったのだ。

そんなピンチを打開する一つのキッカケになったのが、深夜ラジオの開始である。ラジオ機の小型化やカーラジオの普及などの影響もあり、団塊の世代が一〇代を迎えたこの頃、ラジオは「一家に一台」から「一人に一台」の時代を迎えた。それに合わせて、ラジオ界は家族向けから個人向けの番組作りにシフト。その一環として深夜ラジオがフィーチャーされた。それまでは大人向けのお色気番組や収録の音楽番組などが散発的に流されていたが、二四時間放送を導入し、若者向けの生放送が始まって、新たなマーケットを開拓していく。

五九年にニッポン放送では糸居五郎の『オールナイトジョッキー』が、六五年に文化放送では土居まさるの『真夜中のリクエストコーナー』がそれぞれスタート。それまでの堅苦しいアナウンサー像を壊した軽妙な語り口が若者の心を捉えた。深夜ラジオは地方局にも普及。そして、六七年七月にTBSラジオで「パックインミュージック」が、一〇月にニッポン放送で「オールナイトニッポン」が立ち上がり、今に続く深夜放送が始まる。六九年六月には文化放送で「セイ！ヤング」がスタートし、東京キー三局に深夜ラジオが並び立った。

ニッポン放送の「オールナイトニッポン」は糸居五郎の流れを汲み、パーソナリティが選曲をし、自由に喋る海外のディスクジョッキースタイルを採用した。第一回からテーマソングは今に続く『ビタースイートサンバ』。スタートした時点では深夜一時～五時の一部制で、開始当初は外部の人間を一切使わない、ゲストを呼ばない、スポンサーに口を出させないなどの原則があった。スタートした時点で構成作家はスタッフに入っておらず、ディレクターがミキサーを兼任して二人だけで番組を放送する時もあったという。

パーソナリティは前述の糸居、齋藤安弘らアナウンサーが中心だったが、プロデューサーの高崎一郎も名を連ねた。のちに、今も現役の高島秀武、九九年にニッポン放送の代表取締役社長になる亀渕昭信（当時はディレクター）たちが加わる。

ＴＢＳラジオの「パックインミュージック」は深夜〇時半～三時に放送。他の二局とは違い、日産の一社提供だった。開始当初のパーソナリティはバラエティ豊かな二人組だったのが特徴。映画評論家＆推理小説家、ジャズピアニスト＆結婚式のプロデューサー、コメディアン＆音楽雑誌の編集長など文化人による異色の組み合わせが並んだ。中でも声優の野沢那智と白石冬美が務める通称『ナチチャコパック』は一五年間続く大人気番組となる。その後、のちのラジオ界をけん引していく永六輔も起用された。六九年からは一時開始となり、他局に先駆けて二部制が始動。久米宏や林美雄ら局所属のアナウンサーが担当した。

文化放送の「セイ！ヤング」も深夜〇時半～三時に放送。当初は土居まさる、みのもんた、橋本テツヤらアナウンサーが中心だった。七〇年には女性アナの落合恵子が加わり、「聴取率が三倍になった」という伝説を残すほど大きな人気を博す。

窮地を脱したラジオ界の広告費は、テレビに大きく差を付けられたものの、バブル崩壊まで他のメディアと同じように順調に上昇していく。こうして今に続く深夜ラジオがスタートした。

2 テレビじゃ、これは伝わらない

田家秀樹に聞く

一九七〇年代、深夜ラジオは若者から熱狂的な支持を集めた。当時はインターネットどころか携帯電話も存在しない時代。テレビはまだ一家に一台が基本で、深夜のテレビ放送は早い時間で終了していた。二四時間営業のコンビニエンスストアやファミリーレストランもなく、レンタルビデオ店もない。若者が真夜中にできることは限られていた。そんな状況にラジオが合致したのだ。

深夜ラジオの人気が定着した七一年、この章の主役・田家秀樹《たけひでき》はラジオの構成作家になった。かかわっていた深夜番組は文化放送の「セイ!ヤング」。まだアナウンサーがパーソナリティとして活躍していた時期で、落合恵子やみのもんたの番組を担当していた。

落合恵子はこの時代の深夜ラジオを代表する女性パーソナリティだろう。レモンちゃんの愛称で親しまれ、その語り口が多くのリスナーから愛された。のちにアナウンサーから作家に転身し、たくさんの著書・訳書を発表。現在はテレビの情報番組でコメンテーターも務めている。

みのもんたは当時まだ文化放送のアナウンサーだったが、のちにテレビ司会者としてその才能が開花。『午後は○○おもいッきりテレビ』(日本テレビ)、『みのもんたの朝ズバッ!』(TBS)と平日の帯番組で活躍することになる。

当時の深夜ラジオが持つ意味合いは今とまったく違う。今のリスナーが想像できないようなこの時代の状況を、社会情勢と合わせながら見ていこう。

すでにメディアミックスがはじまった

「構成作家になった経緯ですか? もう成り行きですよ(笑)」。その言葉の通り、田家が構成作家になるまでの道のりは異色だ。

田家は六九年に大学を卒業。就職試験は軒並み落ちてしまい、働き口もなく途方にくれていた。そこで、声をかけられ、新たに創刊されたタウン誌『新宿プレイマップ』の編集者となった。この創刊には文化放送がかかわっている。

「当時、丸の内に都庁があったんですが、その都庁を新宿に誘致しようという街の機運があって、若者の街として新宿をPRしようという流れがあったんです(九一年に移転)。それをたきつけていたのが文化放送だったんですよ。テレビにメディアの主役の座を奪われて、ラジオを聴く人が少なくなっていた。そんな時に、ラジオを活性化させるためのいくつかのプロジェクトが始まるんです。その一つが深夜放送なんですが、もう一つがタウンプロジェクト……いわゆるベンチャーだったんですよ。文化放送は四谷にあって、新宿が近かったですからね。文化放送は新宿が新しい街に脱皮する機運を捉えて、メディアポリス宣言をぶち上げたんです。つまり、街はメディアである、と」

この宣言を受けて、新宿の各商店街、百貨店、文化放送が手を組み、新宿PR委員会が設立される。委員長には紀伊國屋書店の田辺茂一《たなべもいち》が就任。その活動の一環として『新宿プレイマップ』が創刊した。

六〇年代の新宿を現在の状況から想像するのは難しいだろう。今の近代的な街並みが完全に整う前の話である。淀橋浄水場が六五年まで稼働していたため、西口は閑散としていた。その跡地の開発計画として新宿新都心構想が生まれ、メディアポリス宣言に繋がる。

新宿は若者文化の中心だった。アングラな音楽や芝居、映画、ファッション、そこに政治的な思想も絡まり、異常な熱量を帯びていた。新宿二丁目がかつての赤線地帯からゲイタウンに変貌していったのもこの頃である。

六〇年代後半は学生運動が盛んな時期。大学闘争やベトナム戦争の反戦運動などが展開されたが、新宿もその舞台となった。五〇〇〇人以上の反戦デモ隊が新宿駅になだれ込み、暴動を起こして機動隊と激突し、約七〇〇人の逮捕者が出た「新宿騒乱事件」。地下西口広場に集まり、反戦的なフォークソングを歌いながら集会を行う数千人の若者を機動隊が鎮圧した「西口フォークゲリラ事件」。現在の新宿とはかけ離れた騒動が巻き起こっている。今、試しに現場を歩いてもそんな空気はまったくないが、それが当たり前だった時代に『新宿プレイマップ』は生まれた。

混沌とした新宿の空気を切り取った『新宿プレイマップ』は、若者から大きな反響を集めた。現在のタウン誌文化の先駆けとも言えるこの雑誌は、街自体にとどまらず、新宿に巻き起こる様々なカルチャーを紹介。創刊号にはヌード写真まで掲載された。

しかし、そんな新たな新宿の文化を恥部と捉え、もっと健全で綺麗な街にしたいという商店街側の意向とぶつかり、編集部は板挟みになっていく。田家はそんな状況に嫌気が差すようになった。

「そんな時に、「セイ!ヤング」の雑誌を作りたいという話が文化放送から出てきたんです。すでに「オールナイトニッポン」には『ビバ・ヤング』という機関誌があったんですね(六八年九月創刊。常に五万部が完売していたという。TBSラジオでも『パックニュース』を発刊していた)。ラジオの番組が活字メディアを持つという一種のメディアミックスが始まっていて、「セイ!ヤング」でもそういうものがほしいと。で、実際に誰が作るのかという話になったので、僕が企画を出したら、それが通って。そこでフリーになって、『ザ・ヴィレッジ』を作ることになりました」

田家自身も大学時代に土居まさるの深夜ラジオを聴き、衝撃を受けていた。七〇年に『ザ・ヴィレッジ』は創刊。田家は取材・執筆を担当し、タブロイド判八ページの月刊紙面をデザイナーによる二人体制で制作していく。

その過程で再び田家に転機が訪れる。「セイ!ヤング」のチーフプロデューサー・駒井勝から「お前、ラジオの台本を書く気あるか?」と声をかけられたのだ。

「番組の雑誌を作っているから、「セイ!ヤング」の制作部にはいつも出入りしていたんですよ。そこには放送作家がいっぱいいました。最初は「あの人たちは何をやっているんだろう？」と思ってたんですが、徐々に台本を書く人なんだと認識するようになりました。でもね、実はわりとバカにしてた（笑）。「〝放送作家〟という言葉は何なんだ？」と思って。学生運動世代ですから、どちらかというと僕は活字人間の部類なんです。作家に対して憧れはあったし、凄い人なんだという気持ちはありました。だから、〝放送〟という言葉に引っ掛かって、これは何なんだと」

テレビに出れない人でも活躍できる

思ってもいない提案を受けた田家だったが、「面白そうだ」と構成作家としての活動をスタートさせる。その後、七五年に『ザ・ヴィレッジ』は終刊。それからは専業の構成作家となった。

「実際にやれるかどうかわかりませんよね。当時はわりと自由に入れたんで、夜中に制作の部屋に忍び込むんです。ディレクターの机に台本が積んであるでしょ？ それをかっぱらってきて（笑）。ああ、こうやって書くのかと。それを見様見真似で始めたら、結構仕事が来るようになったのが始まりですね」

最初に担当したのは七一年に文化放送でスタートした『はしだのりひこのビューティフル・ノンノ』。月〜金に放送される一〇分間の帯番組だった。その後、音楽番組などを手掛け、素人同然の状況から必死に実績を積んでいく。

「最初はネタの仕込み方にしても何の素養もなかったわけで、本屋に行って、俳句歳時記を買ったり、雑学事典を揃えたり、それなりに努力はしました。何でもやらなきゃいけないから、それこそコントも書かなきゃいけなかったんです。でも、ただの編集者だったから、コントなんて書いたことがない。アメリカのブラックジョーク集なんかを買ってきて、見様見真似でやってました」

何の経験もない中で、田家は台本のタイプが三つに分類できることに気づいたという。

「一つ目はいわゆるワイド番組のように、流れや話の展開といった〝枠を書く仕事〟。二つ目は〝データを集める仕事〟。音楽番組が多かったんで、曲についてのデータを書いていました。三つ目は〝一字一句原稿を書く〟という形。落合恵子さんなんかは完全にこの読みの原稿だったんです。コントなんかも一字一句書くことですよね。この三つを全部やってたから、それは鍛えられました」

だが、田家本人はその異色な出自ゆえに、自分自身が構成作家だという自覚をなかなか持てなかった。

「気がついたらいろんな仕事が来るようになっただけだから、構成作家になったという実感がなかったんですよ。「なりたい」と言ったわけでも、「やらしてくれ」と言ったわけでもないし、言われたことを言われたまま見様見真似で書いていたら、それが仕事になってしまった。やっと自分の仕事を意識するようになったのは放送作家協会に入ろうと思った時ですね。七三、七四年かな。二〇代半ばを過ぎて、自分が何者かという証しが欲しくなったんですよ。名刺に入れるようなある種の肩書きを入れたくなって」

テレビの急激な普及もあり、構成作家の立場も転換期にあった。田家はそんな状況をどう見ていたのだろうか？

「構成作家にはいくつか流れがありました。奥山コーシンさんは文化放送でたくさん番組をやられていましたけど、青島幸男さんの系列で。萩本欽一さんの放送作家集団・パジャマ党や永六輔さんがやってた放送作家集団もありました。ちゃんとそういう中に先輩後輩があって、事務所に入っている人もいました。で、その人たちはテレビもやっていたんです。でも、僕は始まり方が編集者崩れで、たまたまプロデューサーに声をかけられて始めたんで、ラジオだけをずっとやってたんですよ。先輩もいなければ、師匠もいないっていうはぐれ者みたいな始まり方でした（笑）」

田家も「テレビは儲かるよ」と声をかけられたこともあるが、フォーク・ロック系の音楽番組を中心に最大時で一三番組を担当していたため、「俺はラジオでいいよ」と思うようになっていた。

この頃、ラジオ番組の構成作家が作詞家になるという現象が起きていた。田家と同時期に文化放送で構成作家をやっていた喜多條忠《きたじようまこと》はかぐや姫の名曲『神田川』の作詞を担当。ニッポン放送で活躍していた岡本おさみは吉田拓郎と組むようになり、後に森進一の『襟裳岬』を生み出す。この現象も今のラジオから考えると想像つかないことだ。

「僕と喜多條忠さんは同じ時期に文化放送で台本を書いてたんです。彼は歌謡曲の番組をやっていて、僕は夜の番組ばかりで、フォーク・ロック系でした。ここが断絶していて、歌謡曲の番組班はメジャーな芸能界、夜班は若者文化みたいな感じだったんです。僕も喜多條さんを

「アイツは歌謡曲だろ？ 芸能界だろ？」みたいに見てたんですけど、ある時に彼が「僕の詞がレコードになったんだよ」って持ってきたのが、フォークソングの『神田川』だった（笑）。そんな風に放送作家で作詞をやるというのが流行り始めて、僕もやらないかと言われたことがあったんですけど、その時は「俺はラジオを守るよ」みたいなことを言った記憶がありますね。それは自分に自信がなかったこともあるんでしょうけど、「なんでみんなラジオから離れていくんだ？」っていう思いがこだわりとしてありました」

田家が構成作家になったのと時を同じくして、深夜ラジオは急速に支持を集め、大きなムーブメントを作っていく。

「ラジオ局のアナウンサー、パーソナリティがスターになる時代が来ましたから、それは深夜放送の黄金期ですね。文化放送では土居さんを筆頭に、みの（もんた）さん、落合さん、ニッポン放送では亀渕（昭信）さん。はしだのりひこしかり、ミュージシャンも深夜放送で喋ることでメジャーになっていきました。谷村新司しかり、吉田拓郎しかり、南こうせつ、山本コウタローもそうでしょ。みんなテレビに出られない人たちだったんですよ。テレビとラジオは、明らかに断絶していました。テレビは芸能界の利権が張り巡らされていた。反対にラジオはまだ海のものとも山のものともわからない、でも歌も面白いし、喋りもうまいっていう人たちが出ている感じはありました。あの頃の深夜放送は、まだ何者でもない人たちがいろんなことを面白がれる場にはなってましたね」

学校でラジオの話題になる時代

そして、その深夜帯でも田家は構成作家を務めることになる。オールナイトニッポンは作家がいない形で始まっていたが、文化放送はラジオ本来の形を重視し、当初から作家を起用していた。田家が担当したのは「セイ！ヤング」のみのもんた、落合恵子、せんだみつおの三番組である。

「みのさんは素晴らしかったですね。あの当意即妙さ、おバカさ（笑）。おバカなんだけど知的っていう。天性の喋り手っていうのはこういう人なんだろうなって思いましたね。落合さんの魅力は言葉のセンスと、声のエロキューション（発声技術）。言い回しも含めてね。落合さんの喋りを聴いていて、「ラジオは詩なんだなあ」と思いました」

構成作家として田家は主にコーナーの企画を担当していた。

「ハガキはディレクターが選んでいて。「この時間帯にこのハガキを読む」と用意してから始めるんで、そこには僕はタッチしていないんです。ただ、コーナーと言っても、今とは意味合いが違っていて、完全に作り物のゾーンだったんですよ。二〇分ぐらいで、BGMを入れたり、そこに台詞を入れたり。ラジオドラマっていうほどじゃないんですけど、多少脚色したりして。それは全部台本があった。今考えれば面白いことをやってたなと思います」

現在の深夜ラジオは「フリートーク＋ネタコーナー＋リアルタイムのメール紹介」という形がフォーマットだが、当時の状況は異なる。メールどころかFAXもない時代、リアルタイム性は電話を繋ぐ程度だった。

「ハガキ職人」という言葉が生まれる前で、ネタコーナーの比率は低い。また反対に、音楽を流すことの重要度は今と比べものにならないほど高かった。まだCDは生まれておらず、カセットテープが音楽用として普及し始めた段階。従来の歌謡曲以外に、洋楽やフォークソングが急激に注目を集めるようになっていた。新しい楽曲に触れる機会は今に比べて圧倒的に少なく、必然的にラジオがその存在を担っていた。二時間の番組で平均して一〇曲程度、多い場合には二〇曲かける番組もあったという。曲を流す間にハガキを紹介するというのが基本的なスタイルだった。そのため、深夜ラジオの現場にはレコード会社のプロモーターが常に集まっていた。

「どこで何の曲をかけるのか。そこにもハガキとの繋がりが必要なんです。特に僕は落合さんの番組をやっていたことが大きくて、曲の前にどういう言葉で締めくくると一番効果的だったとか、こういう詩にはこういう音楽が合うとか、そういうセンスは鍛えられました。放送作家の中に詩人としても有名な川崎洋《かわさきひろし》さんがいたり、谷川俊太郎さんがラジオの台本を書いたりしていたような時代だったんで、音楽選びはスタッフの腕の見せ所でした」

今と大きく違うのは、その自由度だろう。まだラジオというメディアには力があった。世の中が不安定だったゆえに、社会も大らかで、ラジオの制作現場には今ほど規制はなかった。

「今と比べると、自由度は高かったですね。その自由度の極致はニッポン放送なんでしょうけど、文化放送でもありました。僕がやっていたせんだみつおさんの「セイ！ヤング」でのことなんですけど、文化放送の地下にお風呂があったんですよ。そこに忍び込んで、泊まりの女子アナが入るのを待つっていうのをやりましたね（笑）。風呂のジャバジャバジャバジャバいう音を入れながらね。それは始末書でしたけど（笑）。でも、始末書をディレクターは勲章だと思ってくれてましたから。四谷の警察から呼び出しがくるわけですよ。「青少年に悪い影響がある」と。それで、ディレクターが制作部長に呼ばれて始末書を書くと。「もう〇枚目だよ」ってみんな胸張って言ってましたからね。そういう面白い時代でした」

象徴である「オールナイトニッポン」では数々の伝説が生まれている。ロッキード事件が世間で騒がれていた時期に、アメリカのロッキード社に「飛行機を買いたい」と国際電話をかける。深夜に首相官邸に生電話する。二人のパーソナリティのうち、一方が裏番組に乱入して放送をジャックする。青山墓地で四時間の生放送をする。二時間同じ歌を歌い続ける。ウソの追悼番組を放送する。二万枚届いたハガキをスタジオ内に放り投げて、一番遠くに飛んだ人に一万円を贈呈する。一人のパーソナリティが五〇時間ぶっ続けで放送する。「この後に山手線の始発に乗る」と宣言し、リスナーを集めて騒動を起こす。まだ芸歴のない素人に電話して、その日にパーソナリティを担当させる。これらはすべて六〇〜七〇年代の「オールナイトニッポン」で起きたことだ。

その自由度は〝軟〟だけでなく〝硬〟の方向にも影響を与えていた。前述したように、学生運動などが活発だった時代ゆえに、ラジオは真剣な議論の場でもあった。また、テレビや雑誌、新聞などが取り上げることのない未知の情報を発信する役割もあった。

田家が編集・監修としてもかかわった『セイ！ヤング＆オールナイトニッポン七〇年代深夜放送伝説』（扶桑社）で、さだまさし、泉谷しげる、清水国明が奇しくも口を揃えて当時のラジオを「今で言うインターネット」と称している。

「でもね、インターネットよりも双方向性があったと思います。それでありながら、一対一なんですね。ラジオで喋っている人と聴いている人が、この時間帯、この街の中で、この夜っていう空間の中で繋がっているという。その絆の強さは今のネットよりも強かったんじゃないでしょうか。声が聴こえてくるという確かさがありました。新しいメディアだったという意味ではネットに近いんでしょうけど、繋がり方には差があると思います。ネットを介して繋がっているという感覚が僕らにはわからないので、比較はしにくいんですけどね」

自由度の高い内容、メディアとしての新鮮さ、そこで生まれる熱。それらの影響もあって、深夜帯の聴取率は非常に高かった。

「落合さんの「セイ！ヤング」の聴取率は九％あったと記憶してます。同時間帯にやっていた吉田拓郎さんの「パックインミュージック」は確か五％だったんです。拓郎さんはどうしても落合さんを抜けなかった。のちに僕が音楽関係の文章を書くようになって、拓郎さんといろいろと付き合わせていただくようになったんですけど、よくその頃の話をするんですよ。何かの拍子で、「僕、落合さんのセイ！ヤングをやってたんですよ」って言ったら、「お前か!!」って（笑）。「あれがどうしても抜けなかったんだよ」って言われたことがありました。五％対九％の争いですよ」

当時の調査結果を調べるかぎり、この聴取率は全体のものではなく、年齢や性別を限定した数字だと思われる。それでも、驚異的な聴取率だ。

各番組には毎週数千通のハガキが集まり、ADの一番の仕事はハガキの整理だった。番組当日は夕方からディレクターはハガキの整理に明け暮れていたという。

「学校に行ったらみんな聴いているわけですよ。それで、「お前のハガキが読まれたな」って話題になるんですから。一番主流の、若者たちにとってマスなメディアですよね。ハガキを書く人はみんな本名で書くわけです。今と違って匿名希望という人が少数派ですよ。まあ、匿名希望だって紹介しながら本名言っちゃうっていうのがありましたけど（笑）。みんなそこで自分の名前を読まれることが学校での自慢だったわけです。〝サブカルチャー〟というかメインカルチャーというか。若者文化のど真ん中にいる自負はありました」

メジャーからこぼれおちるもの

深夜の番組を担当するようになり、田家は作家としてさらにラジオという現場の面白さに魅了されていく。「だって、髪の毛長くて、ジーパンはいて、それで仕事ができて、レコードがもらえて、同期のサラリーマンよりもいいお金をもらうわけでしょ？ それは楽しかったですよ。面白かったですよ」という田家が、当時の雰囲気を伝えるエピソードとしていつも語るのは文化放送で起きたぼや騒ぎについてだ。

「その頃の放送局はわりと出入りが自由だったということもあるので、犯人捜しが始まったんです。そうしたら、制作部長に呼ばれて、「お前、○月○日の○時○分、どこにいた？」って聞かれた。僕は朝のワイドから夜の「セイ！ヤング」までずっと担当していたんで、朝から晩まで文化放送にいたわけです。地下のQという喫茶店があったので、「そこで台本を書いてましたよ」って話したんですけど、「見たヤツいるか？」と。「マスターがいましたよ」って説明したら、やっと放免されて。その時は何のことかわからなかったんですけど、ディレクターに「ボヤがあったの知ってるよな。その時に真っ先に名前が挙がったのはお前なんだよ」って言われて（笑）。髪の毛は長いし、風体は怪しいし、昔は新宿で雑誌を作っていましたから、「昔、アイツは新宿のフーテンだったんだろ?」って。外の妙な連中と付き合いがあって、自由に出入りできるヤツだからって真っ先に名前が挙がったらしいんです。でもまあ、それでも大きな顔をして仕事ができたわけですからね。面白い場所だなと思いましたよ（笑）」

田家は「セイ！ヤング」の他にも、『みのもんたのワイド・No.1』、『三ツ矢フォークメイツ』、『落合恵子のサウンドフォーク』などを担当した。ラジオの全盛期と言っても過言ではない七〇年代前半に味わった構成作家の楽しさを問うと、「ゴーストライター」という言葉が飛び出した。

「いろんなタイプの番組があったんで、いろんなタイプの作り方ができたのは面白かったです。パーソナリティになりきって台本を書くわけです。僕は放送作家をやりながら、ゴーストライターとして何冊か本を作っているんですけど、放送作家とゴーストライターがイコールだったんですよ。今はゴーストライターって良くないもの、決して褒められた存在じゃないって言われてますけど、言葉で演技するという部分は放送作家も同じだと思ったんですよね。落合さんの時には女性言葉で書くわけでしょ。男性アナウンサーに書く時はそれなりに襟を正して書いたり。言葉でいろんな人間になれるのは放送作家の一番の醍醐味でしたね。脚本家よりも、もっといろいろなケースがあるわけですから、その都度、自分がいろんな人になるという楽しみがありました」

しかし、同時に構成作家の難しさにも直面する。それは田家がこの仕事を辞めることに繋がっていく。

「才能やセンスのなさを感じたんです。なんで俺はこんなにギャグが書けないんだろうって。大学の頃に落語研究会にいたとか、放送研究会にいたとか、お笑い芸人をやってたとか、そういう人がいるわけです。でも、僕は編集者からなったので、ラジオの構成作家として求められるそういう部分がうまくできなかった。それとミュージシャンと番組をやると、みんな喋りがうまいんで、『自分の存在に意味があるんだろうか？』って感じて。それも辞めることになったいくつかの原因の一つですね。例えば、さだまさしさんの番組には構成作家っていらないんですよ。そういう現場についた時、『俺はここで何をやってんだろう？』って思い始めて」

田家が構成作家を辞めたのは七八年のこと。この頃になると、深夜ラジオは再び転換期を迎えていた。当初のアナウンサー中心のスタイルは限界を迎え、有名タレントなどの名前が連なるようになってきた。

「深夜ラジオがメジャーになっていったんですよ。それまではテレビに出ない人が喋っていた。彼らは若者たちの中ではメインカルチャーでも、世の中的にはサブカルチャーだったんです。テレビで放送されていないような音楽が流れていたし、『俺たちが新しい時代を作っているんだ』って思えてたんですけど、深夜放送がメジャーになっていった。これはなんの他意もないんですけど、郷ひろみさんとか、桜田淳子さんとか、西城秀樹さんとかがやるようになるんです。『台本を書け』と言われるんですけど、そういう人たちの台本のほうが大変なんですよね。それでも続けていたんですけど、『俺はこういうことがやりたかったんだっけ？』と思い始めて。これだったら、テレビ番組をやっている既成の放送作家が担当すればいいんじゃないかと考えて、番組から引いたというのが大きかったですね」

「オールナイトニッポン」は七三年からタレントを起用する路線にシフト。構成作家もつくようになり、笑福亭鶴光、タモリ、所ジョージ、南こうせつ、吉田拓郎、イルカ、稲川淳二らバラエティ豊かなパーソナリティが生まれ、構成作家の重要性も強まっていく。「セイ！ヤング」や「パックインミュージック」でもタレントが増えていくが、どちらも八〇年代前半に番組が終了となり、うまく転換期を乗り越えた「オールナイトニッポン」ひとり勝ちの状態となっていく。

吉田拓郎は喋りの天才

田家個人はその後、単発的にラジオの構成やインタビュアーをしながらも、編集者・ライターとしての活動を主軸とするようになる。『タイフーン』（飛行船出版）、『レタス』（サンリオ出版）、『ＤＯ！』（徳間書店）といった雑誌の編集長を歴任し、甲斐バンド、浜田省吾、吉田拓郎などの書籍や音楽系の関連書を刊行。その物書きとしての活躍が実を結び、二〇〇〇年代に入ると、構成作家ではなく、喋り手としてラジオ番組に出演するようになる。また、構成を手掛けたドキュメント番組で、民間放送連盟賞ラジオエンターテインメント部門最優秀賞を受賞。再びラジオ界と接点が生まれた。二〇〇一年からＴＯＫＹＯ　ＦＭの音楽番組で喋り始め、二〇〇五年、深夜一時から放送されるｂａｙｆｍの『MOZAIKU NIGHT』でパーソナリティを務めることになる。

「辞めた時は「もうこれで俺はラジオに戻らないんだろうな」と思って雑誌に行き、そこから物書きになっていったわけで。でも、ラジオは好きなんですよね。時々、ラジオの構成の仕事はやってて、「やっぱりラジオは面白いな」と思ったりしながら、音楽の原稿を書いていて。だから、またラジオに戻れて、こんな幸せなことはないと思いました。深夜番組の一回目は泣きましたね。総武線でスタジオに向かう時、本当に嬉しくて……。「俺が深夜放送で喋れるんだ！」って」

物書きにもラジオで構成作家を務めた経験が活きた。一番大きな財産は「文章の読みやすさと書く速さ」だという。

「一番最初に台本を書いた時に言われたのが、「お前、これが読めるか？」って。それが大きかったです。「全然関係ないヤツが読むんだよ。こんなに文章が長かったら、読めねえよ」と言われて。一番最初にそれを肝に銘じました。だから、今でも原稿は必ず自分で声に出して……直接口にしないまでも、書きながら心の中で読んでいます。たぶん活字から入った物書きはそうじゃないんですよね。例えば、氷室京介さんのインタビューを原稿にすると、「読んでいると、氷室さんの声が聞こえてくるんですよ」って言われるんですよ」

未だに田家は自分がパーソナリティだと胸を張って言えないと話す。それはかつて自分が多くの人間の番組に触れてきたからだ。

「僕の中のパーソナリティは、落合さんであり、みのさんであり、土居さんであり、亀渕さんであり……。その人たちがどれだけ喋りのセンスがあって、機転が利いて、ギャグもできて、ラジオを支えてきたのか。ずっと目の当たりにしてきたから、僕が名乗るのはおこがましくて、皆さんと一緒には自分でまだなれていないですね。でも……自分で喋る側になった時は放送作家が要らない（笑）。今の放送作家にはちょっと申し訳ないんですけど、自分で台本が書けちゃうんです。当時は台本を書いても、喋り手がその通りにやってくれず、「そうじゃないのになあ」と思うことが結構あったんですが、今は自分でやれちゃうんで、これは幸せなことだと思っています。そのぶん、自分の至らなさを痛感させられるんですけど」

喋り手と構成作家、ラジオで重要な意味を持つ両方を経験した田家が思う素晴らしいパーソナリティの条件とはなんだろう？

「自分の言葉を持っている人、それに尽きるかな。自分の言葉を持っていて、世の中を、客観的に、クールに、迎合しないで見ていることができる人っていうか。そして、リスナーの気持ちを察してあげられる人。上から目線にならない人っていうことだと思いますね」

具体名を聞くと、かつて番組を担当した落合恵子、みのもんたの名に続き、意外な名前が出てきた。

「吉田拓郎さんもそうですね。拓郎さんは喋りの天才ですよ。あの人は自分で喋りながら、自分で台本が書ける人なんです。自分で喋りだした時、ある程度の流れはあるにしても、その時点の言葉は思いつきなんです。でも、その思いつきから、自分で話を作っていって、ちゃんとオチがあるという。そういう意味では、究極は永六輔さんかもしれません。四年前にインタビューさせていただいたことがあって。もう車椅子に乗っていらっしゃって、心許ない感じだったんですけど、マイクの前にスタンバイしたら、そこから目の色が変わって……。ちゃんと話のメリハリがあって、オチがあって、もう見事でした。頭が下がるというか、神々しいぐらいで、こういう方を〝ラジオの人〟って言うんだなって。そういう意味では、（ビート）たけしさんもそうですよ。最近で言えば、伊集院（光）さんには頑張ってもらいたいなあって思いますね。ああいう人がいると、やっぱり自分のことをパーソナリティって呼べないなあって思います」

どうしても黎明期の深夜ラジオに携わっていた人間からは、今のラジオに対してネガティブな声が多い。しかし、田家は「これだけメディアが多様化している中で、当時のように、大手を振って世の中を歩いているみたいな、影響力のあるメディアであると思うこと自体に無理があるんだと思います」と理解を示した上で、今のラジオ界についてこう語ってくれた。

「でも、ラジオにしかできないことは当然あると思うんです。テレビでもないし、ネットでもないし、活字でもない。一対一の関係性とか、情報の温度感とか、誰かが喋っている信頼度とか、それを持っているのがラジオなんですよね。これだけ情報が氾濫している中で、物の見方を含めてすべてを整理して、一つのガイドになるような伝え方ができるのがラジオなんだろうなど。例えば、ラジオから音楽の要素は減っていますけど、有線でもなく、インターネットでもなく、ちゃんと体系立てて音楽を語ることもラジオはできるわけですから。音楽を伝えるメディアとしてラジオはもう一回見直される時期が来ると思っています」

コンテンツを制作する技術としてもラジオを高く評価した。

「ラジオ制作のノウハウに、改めて自分たちが自信を持つことも大事だと思います。ラジオの制作者はたぶんテレビも作れると思うんですよ。もちろんネットの番組も作れる。情報の集め方、整理の仕方、その伝え方のノウハウは一番ラジオが持っていると思うので、それを活かすのがラジオの今後の可能性なんだろうなと思いますね」

テレビ中心にシフトする同世代の構成作家が多かった中で、田家はラジオにこだわってきた。結果的に一旦ラジオ界から離れてしまったが、思いは衰えず、今は喋り手としてもラジオにかかわっている。なぜそこまでラジオにこだわってきたのだろうか。それはテレビとの根本的な違いが理由だった。

「テレビで音楽番組が増えた時に、実は何度か呼ばれてやったりしたんですけど、スタッフの人数もたくさんいるから、打ち合わせも多いんですよ。技術の人、照明の人、「この人たちはいったい何をしてるんだろう？」という人たちと一緒にやってて、結局番組が終わっても彼らが何者だったかわからないままだったりする。そういうテレビの作り方のむなしさを当時感じました」

しかし、ラジオは違う。「身軽なんですよ。だって、二人いればいいんですから」と田家は言う。

「ディレクターがどんな音楽が好きで、どんな女の子が好みか、全部わかっているわけでしょ。終わったら二人で飲みに行けるわけですから。リスナーからの反応もあって、リスナーの人となりもわかるわけです。いつもこんな内容を書いてくるねとか、音楽の好みが一緒だよなとか。そんな風に、ミニマムな形で作られていくことの楽しさ。それがラジオの醍醐味だと今でも思っています。そういう空気は聴いている人にも伝わるんだろうなと思います」

すべての取材を終えたあと、田家から「今は誰でもラジオができる時代ですよね。だから、村上さんもラジオをやったらいいんですよ。やったほうがいいです」と提案された。動揺してすぐに頷けない自分がいたが、その言葉から、編集者、構成作家、パーソナリティの間にある壁を飄々と乗り越えてきた田家の人生を感じずにはいられなかった。

コラム　オールナイトニッポン全盛期

ラジオの広告費は六五年の一六一億円を底にして、七〇年には三四五億円、七五年には六〇二億円、八〇年には一一六九億円と上昇し、九〇年には二三三五億円を記録する。ラジオに限ったことではなく、テレビや新聞、雑誌など他メディアの広告費も上昇し、経済成長に合わせて、日本の各メディアは大きく飛躍した。

聴取率に目を移すと、セッツインユースは電通が調査していた七八年までは一〇%を切ることは少なかったが、七九年から企画・民放四局、実施・ビデオリサーチ社という体制に変わると、調査方式の変更などもあってか、一〇%を超えることがない状況に。八〇年代はなだらかに低下していき、後半は七%台が中心になっていく。九〇年からビデオリサーチ社単独の調査になると、この時期から数字はわずかながら上向き、九〇年代半ばまでは八%台が続いた。

世の中の状況も急激に変化を遂げたが、ラジオ周辺も例外ではない。六〇年代末期にラジカセ（ラジオカセットレコーダー）が登場。七〇年代には爆発的に普及していく。それに伴い、FMラジオの放送から楽曲を録音するエアチェックが流行し、放送される曲名などが掲載されたFM専門誌も生まれた。また、海外の短波放送を聴くBCLブームが発生。ここでも専門誌が生まれ、スカイセンサーのようなヒット機種も出てきた。その後、カセットテープを手軽に持ち出して聴くことができるウォークマンが七九年に発売。また、この時期にはタイマー録音やオートリバース機能が付いたラジカセが生まれ、やっと深夜ラジオを予約録音できる状況となる。八〇年代に入るとCDが登場し、レンタルCD店が増え、エアチェック文化も衰退していく。そんな風に、七〇年代から八〇年代にかけて、ラジオの周りでは常に変化が起きていた。

深夜ラジオのあり方も変わっていく。若者のまわりから政治色は急速に薄まり、深夜ラジオが議論の場になることもなくなった。かつて深夜はラジオを聴くことぐらいしかすることがなかったが、テレビも深夜放送を開始し、テレビゲームやレンタルビデオといった他の選択肢も生まれた。ファミレスやコンビニも急増し、二四時間営業も始まる。

CDの普及により、手軽に様々な音楽に触れられるようになったことで、深夜ラジオにおいても曲を流す意味が薄まった。〝若者の解放区〟というスタンスも変化し、リスナーの年齢層も徐々に広がった。そうやって少しずつ「クラスのみんなが聴いているもの」ではなくなっていく。

この時代、深夜ラジオの中心にいたのはニッポン放送の「オールナイトニッポン」だ。タレント路線は大成功を収めて安定し、長寿番組も多数生まれた。この時期を代表するのが、アーティストならば中島みゆき、松山千春、長渕剛、桑田佳祐、松任谷由実、坂崎幸之助、デーモン小暮。お笑い芸人ならばタモリ、ビートたけし、とんねるず、ウッチャンナンチャンなど錚々たるメンバー。アイドルの小泉今日子、脚本家の鴻上尚史なども名を連ねた。無名な人間も積極的に起用され、「有名になる過程をリスナーとともに盛り上げる」というオールナイトニッポンらしい形も増えていく。当時、無名だった伊集院光が二部に起用されたのは八八年秋のことだ。

特に『ビートたけしのオールナイトニッポン』（八一〜九〇年）はその刺激的な内容ゆえに圧倒的な人気を集めた。前時代の象徴的番組であるTBSラジオの『ナチチャコパック』の裏番組としてスタート。一気に話題を集めて、結果的に『ナチチャコパック』の時代を終わらせる形となり、深夜ラジオの中心的存在となった。

『オレたちひょうきん族』が始まる直前に番組は始動。漫才コンビの片方という立場だったたけしが、次々に冠番組を持ち、お笑い界・芸能界のトップへと駆け上がっていく過程を側面から伝えていた。

フリートーク&ネタコーナーという現在の深夜ラジオのフォーマットを作ったとも言われている。この番組の常連投稿者から「ハガキ職人」と「ハガキ作家」という言葉が生まれたが、最終的にハガキ職人という言葉がメジャーとなり、それが一般化していった。投稿者から構成作家になる人間も輩出している。

この番組に影響を受けた著名人は多く、のちにたけし軍団に加入する浅草キッドの水道橋博士と玉袋筋太郎もこの番組のヘビーリスナー。伊集院、松村邦洋といったお笑い芸人の他、漫画家のさくらももこ、脚本家の宮藤官九郎、俳優の西島秀俊などこの番組の元リスナーは挙げたらキリがない。

刺激的なトークの一部が『ビートたけしのオールナイトニッポン傑作選!』(太田出版)で書き起こされている。初回からヤクザや放送禁止用語に躊躇なく触れ、電話による人生相談のコーナーでは、前年に発生した金属バット殺人事件(神奈川県・川崎市で二〇歳の浪人生が金属バットで両親を暴行して殺害した)に「先を越された」と話すリスナーが登場。抗議が殺到したという。もちろん初回ということからもわかる通り、このリスナーは仕込みであり、構成作家が演技していたことがのちに明らかとなった。

他にもたけしの浮気相手をスタジオに招いて生放送で喋らせた通称「札幌の女事件」など刺激的な回は無数にある。この番組から生まれた「たけしプロレス軍団(TPG)」が新日本プロレスに登場し、結果的に両国国技館で暴動が発生したことも有名だ。

『ビートたけしのオールナイトニッポン傑作選!』の中で玉袋筋太郎がこの番組の魅力について語っている。

あの頃のたけしさんは三十過ぎぐらいですよね。大人の男の人が、自分の知らないことを教えてくれるなぁって感じがあってさ。早く大人になりてぇなとか、酒飲みに行きてぇなとか、同世代の小便臭ぇ女子じゃねぇ、大人のお姉さんとやりてぇなとか、そういうことを全部、カッコ悪く語りながらも実現しているおじさんの話を聴いているような。（中略）当時の俺にとってたけしさんは、親父が俺に言えないところを語ってくれた憧れの大人だったな。

他局についても触れておこう。TBSラジオは八二年に「パックインミュージック」が終了すると、音楽色を強めた「サウンドストームDJANGO」、流行を追いかける「体験ラジオAチャンネル」、リスナーの体験をひもとく「今夜もセレナーデ」と、コンセプトを変えながら次々と番組が変わって安定しなかったが、八四年一〇月に「スーパーギャング」がスタート。「オールナイトニッポン」に負けじと様々なタレントを起用して七年半続いたが、小堺一機&関根勤のコサキンを除き、人気を集める長寿番組は生まれなかった。

文化放送では八一年に「セイ！ヤング」が終わると、「ミスDJリクエストパレード」がスタート。現役女子大生をパーソナリティに迎え、音楽色を強めたこの番組は、女子大生ブームの走りと言える人気を博し、聴取率でも健闘。川島なお美、千倉真理、松本伊代、向井亜紀、斉藤慶子らが注目を集めた。ブームが一段落した八五年に番組が終了すると、「大学受験講座」が始まり、九四年まで文化放送から深夜の生放送は姿を消す。

他局の迷走もあり、この時代は「オールナイトニッポン」が深夜ラジオをけん引していた。

3　暴走と冷静のコサキン
鶴間政行に聞く

ライターから、芸人から、スタッフから、最近ならば専門学校を経て……。構成作家になる道筋は無数にあるが、ラジオリスナーがまず想い描くのは「ハガキ職人を経て構成作家になる」という形ではないだろうか。

ハガキ職人という言葉は『ビートたけしのオールナイトニッポン』で生まれた言葉だが、もちろんそれ以前から常連の投稿者は存在した。そこから作家になるパターンの歴史は古く、中でも草分け的存在として名前が挙がるのは永六輔だ。

終戦直後、中学三年生だった永はＮＨＫのラジオ番組『日曜娯楽版』にコントを投稿するようになった。ここでいうコントとは、今で言うショートコントに近く、三行程度に収まるようなちょっとしたやりとりを指す。『日曜娯楽版』の音声の一部はＮＨＫのアーカイブで聴くことができるが、世の中を風刺するようなショートコントが連続して披露され（生放送）、合間に曲が流されるそのスタイルはとても新鮮に聴こえる。永はこの番組の常連投稿者になった。

当時は採用されると、三〇〇円の謝礼をもらうことができ、それを生活の足しにしていて、学費にも充てていたという。ほぼ毎週採用されるようになると、番組スタッフの三木鶏郎《みきとりろう》に呼び出され、大学入学後に構成作家の活動を始める。五九年に前田武彦、大橋巨泉と出演した『昨日の続き』(ラジオ関東)は放送に台本が間に合わず、結果的に自分たちが出演し、初めて構成作家が喋った番組と言われており、永は「キザな言い方をすると、あれは日本で初めての台本のないラジオ放送だった」と述懐している。

また、時代は違うが、作詞家であり、AKB48グループのプロデューサーとしても知られる秋元康も、ラジオ番組に『平家物語』をパロディした台本を送ったことが業界入りするキッカケとなっている。これもある意味、ハガキ職人から構成作家になった例と言えるかもしれない。

話を戻そう。ラジオリスナーが想像する構成作家になる方法をもっと具体的に書くならば、「お笑い芸人のラジオ番組のネタコーナーに投稿する常連ハガキ職人が番組内で目立ち始め、パーソナリティやスタッフに見出される」という道筋ではないだろうか。そういう意味で言うと、萩本欽一に見出された鶴間政行《つるままさゆき》の名前が最初に挙がるかもしれない。一介のリスナーに過ぎなかった鶴間は電話で呼び出され、パーソナリティの自宅に住み込んで作家修行することになるのだ。鶴間が大学四年生を迎えた春、七六年の話である。

引っ込み思案なハガキ職人

構成作家としての鶴間からは想像もできないが、もともと子供の頃は人見知りで引っ込み思案だった。

「本当に限られた友人としか基本は会話しなかったですね。コソコソと「昨日、テレビ見た？面白かったよなあ」って話すぐらいのレベルで（笑）。積極的に生徒会に立候補するとか、学級委員になってクラスを仕切るとか、そういうんじゃないんです。国語の時間に先生に指されたら、「教科書、読みたくないなあ」って思うほうでした」

ちょっとした雑談でも、鶴間の口からは無数のたとえ話が出てくる。まさに、リスナーが想像する構成作家を地でいく方だ。

「お利口な人は学級委員にも抜擢されて、先生が「教科書のここを読んでごらん」と言うと、気持ちよく「漱石は……」と立ち上がって読むみたいに。でも、僕は指されても小さい声だったし、むしろすらすら読めなくて。まあ、クラスの中ではそれがほぼ大勢じゃないですか。そっち側でしたよね」

もちろん「人見知りで引っ込み思案＝ハガキ職人」という等式がすべての場合に当てはまるわけではない。ただ、こんな鶴間の感覚に共感するリスナーは多いはずだ。今とは比べものにならないぐらいラジオは一般的だったとはいえ、鶴間も自然とラジオに触れるようになった。

印象に残っているのは『亀渕昭信のオールナイトニッポン』。土曜深夜三時から懐かしいアニメの曲を流す通称〝懐マン〟のコーナーを毎週録音することに燃えた。今のように簡単に楽曲を手に入れられなかった時代で、カセットデッキにはタイマー録音の機能もない。たった週に一曲録音するために、鶴間少年は眠気と戦っていた。平日夕方に放送されていた土居まさる司会の生放送番組『ハローパーティ』（文化放送）の観覧に行った記憶もあるという。

「当時はみんなラジオを聴いてました。電話リクエストの番組も全盛期で電話をかけたりもした。それで、ハガキを送るというところまで行くか行かないかという段階があるわけです。そして、送ったけどすぐにやめちゃう人がいる。その先が、送って読まれた快感を味わった人。そういう人たちが常連になっていくわけですよね。僕もハガキを出すようになって、クイズやネタを投稿はしてました。具体的に何の番組だったかは覚えてないんだけど。読まれたことはあったのかな？　まるっきり記憶がないんですよね。ということは、たぶん読まれてないんですよね」

鶴間は当たり前のように、番組への投稿を始める。同時期にお笑い芸人という存在にも惹かれた。鶴間は〝コント55号〟直撃世代。「コント55号が出てきてそれまでの漫才やコントを覆したんです。それはもう僕もビックリしたけど、マスコミも世間もすべてがビックリしたんですよ」。中学生だった鶴間はそのコント55号の萩本欽一という存在にのめり込んでいく。

高校時代に始まった『巨泉×前武ゲバゲバ90分！』（日本テレビ）にも魅了された。九〇分の間に一〇〇本近いショートギャグ・コントを詰め込んだこの番組にはコント55号も出演していた。

「それだけ本数があるから、全部が全部面白いというわけじゃないんです。例えば、四コママンガでも五本、一〇本と読んでいくと一本ぐらい好きなものが出てくるじゃないですか。それと同じで、ギャグの中でも自分に合うものが見つかるんですよ。そういう感覚で、「これは凄いな。俺は好きだな」っていうものにぶち当たる。毎週見るのを楽しみにしてました。そこでショートギャグというものに驚いたんです。映像でギャグをやることに」

鶴間が今でも鮮明に覚えているのはネクタイを使ったギャグだ。萩本がネクタイを自分に合わせる姿から映像は始める。結び目のアップとなり、カメラはドンドン首から下がっていくが、一向にネクタイの先端は映らない。そのままベルトラインを過ぎ、ヒザを過ぎ、さらには靴まで行ってもネクタイは終わらない。実は萩本が立っているのは脚立の上で、延々とカメラが下がっていき、やっと脚立の下にある床にネクタイの先があった……それで終わる。

「ホントにくだらないじゃないですか（笑）。たかが、そのために長いネクタイを作って、延々とカメラをゆっくり下げているわけですから。そういう映像ギャグに驚いて、毎週虜になったんですよ。でも、本当にたくさんのギャグがあるから、何が面白かったのか忘れちゃうんですね。だから、翌日に友達と会話をする用に、それを紙にメモってました。毎週ノートにメモっておけば形に残るから、今でも役に立っただろうけれど、将来作家になろうなんて考えてもないから（笑）。翌日、友達と「あれが凄かったよね」って会話するためだけのメモだったんです」

投稿を読まれることの喜び

そんなある日、鶴間は新聞のラテ欄の深夜枠に〝欽ちゃん〟の文字を見つける。それまでもコント55号は文化放送でラジオのレギュラーをやっていたが、昼間の番組だったため、聴くことができなかった。だが、今回は第一回からちゃんと聴ける。鶴間は喜び勇んでラジオに向かった。高校三年生の春のことだった。

その番組名は『どちらさまも欽ちゃんです』(ニッポン放送)。萩本が自分の作った作家集団・パジャマ党にキャリアを積ませるべく作った番組だった。当初は土曜日深夜生放送の一時間番組だったが、投稿コーナーの面白さに萩本が注目。そこを特化して、半年後にタイトルが『欽ちゃんのドンといってみよう!』に変更となり、月~金曜日に毎日放送される一〇分番組となる。これがのちに世間を席巻する通称『欽ドン!』の始まりだった。

ラジオ版『欽ドン!』におけるネタコーナーのイメージは、今のお笑い系ラジオに近い。歌謡曲の一部を切り取って会話にはめ込む『レコード大作戦』をはじめ、会話から生まれるすれ違い・勘違いを元にしたコントネタなど様々なコーナーがあり、リスナーから投稿を募っていた。常連リスナーの採用数ランキングやボツネタイジリ、スタッフの番組出演など今のお笑いラジオに繋がる試みも行っていた。鶴間は初回を聴いてさっそくハガキを番組に送る。翌週にそのハガキは採用されたのだが、鶴間はそれを後日知ることになった。

「実は二週目も聴こうと思ってたのに、うっかり寝ちゃったんですよ。とてもショックでした。そうしたら、教室の後ろの席にいた野辺幸一くんが翌日、「鶴間聴いたぞ。読まれてたな」って言ってきたんです」

初採用の喜びを妙な形で知った鶴間は、その後も投稿を続けていく。当時はまだそんな言葉が生まれる前だったが、その姿はまさしくハガキ職人だった。

「高校時代に一回公開録音があったんです。ニッポン放送のスタジオで、正月スペシャルを録音するから来ませんかという募集があったんです。で、お正月のネタを書いて持ってくるようにと。それを受付で渡して、先輩のパジャマ党がその中から選んで、本番で読むという形だったんです。その時に僕の投稿が読まれたんです。それが凄く嬉しくて。で、帰りに欽ちゃんとみんな握手して帰るわけです。そこで、「鶴間です」とあいさつしたら、「お前が鶴間か！」みたいな。それが本当に嬉しかったのを覚えてます。読まれたことと欽ちゃんに会えたこと。二つの喜びが重なっているから、もう忘れられないですね」

ハガキを間に挟み、パーソナリティとリスナーがキャッチボールを続け、お互いを認識していく。それはラジオの醍醐味だ。そんな行為を鶴間は「片思いのラブレター」とたとえる。

「常連の段階になると、「おっ、また鶴間から来たよ」って言われるのが嬉しいわけですよ。認識されていくことで、「また読まれたい」という気持ちになって、さらに一生懸命書いて。片思いのラブレターを一方的に出し続けているようなものですね。それで、いいネタを書いた時だけ彼女が振り向いてくれる。「鶴間くん……凄いわね」っていう一言（笑）。相思相愛ではないんです。彼女は実はいっぱいの人と付き合っているわけですから（笑）。だけども、こっちは片思いでもいいから、彼女と接したい。そのために、ラブレターを出し続けるんです。ある種の恋愛関係に近いんですね」

鶴間が投稿していく過程で、『欽ドン！』の存在は世の中で大きなものになっていく。萩本は一般の投稿を元にしたラジオの番組作りをテレビに持ち込むことを思いつき、特番を経て、七五年にフジテレビでレギュラー放送がスタート。瞬く間に人気番組となった。八〇年代に入ると、『欽ドン！良い子悪い子普通の子』が始まり、さらに大きなムーブメントを生み出し、萩本は〝視聴率一〇〇％男〟の異名をほしいままにする。ラジオ版も七九年まで継続した。

「ラジオ的なハガキを読む。それを映像化するのは欽ちゃんだからこそできたんじゃないのかな。誰もやろうとしなかったんですよね。それだけ難しいことなんだと思います。だから、テレビでハガキをもらうってことは未だに続いているけど、それを映像化しようって人はいないわけじゃない？　それをやろうとした欽ちゃんも凄かったし、それを引き受けたプロデューサーも偉かったんだよね」

テレビ版が始まった頃、大学四年になった鶴間は将来の進路について考えるようになっていた。

「普通に市役所の公務員試験を受けようとしていました。大学は経営学部だったんで、大手スーパーに勤めるのをイメージしたり。でも、まだ就職活動は始める前で、公務員試験の勉強にも本腰を入れてませんでした。うっすらと放送作家になれたらいいなという願望はありましたよ。だって、大学時代もずっと途切れることなく投稿してたわけですから」

そんな鶴間の人生を変える一本の電話が鳴る。「作家になる気持ちはありますか？」。萩本が所属する芸能事務所の専務からの電話だった。鶴間はすぐに作家になることを決意する。

「あとから欽ちゃんに聞いたんですけど……。その頃、番組では投稿者のランキング制度があって、僕はいつも一〇位ぐらいのところをウロウロしてたんです。で、どうやら欽ちゃんから「ランキング一位から電話しなさい」という指示があって声をかけたみたいです。それで、「パジャマ党の下に若い作家を作ろうと思っているんですけど、作家になる気持ちはありますか？」と上位から順に電話をかけていったところ、前の九人が断ってくれて、僕に一〇番目の電話が来たんです」

萩本流の教え方

鶴間は萩本の自宅に居候し、作家の見習いとなった。ハガキ職人を経て、構成作家になる……。それは、ラジオリスナーにとって最大の夢であり、誰もがうらやむ成功だ。読者の中にも今、現在進行形でそんな目標を持っている方がいるだろう。しかし、夢が叶った後も現実は続く。

「僕としてはその空間に……萩本欽一の自宅に居候することになって、まだ何も成し遂げてないんだけど、ある種、自分の中の夢は達成しちゃったんです」

想い描いていた夢は形になったが、実際はまだ何者にもなっていない。そして、そこから何をしていいかもわからなかった。

「オリンピックへの出場権を得たようなもんですよ。その後にメダルを狙うのかどうか。でも、実際のオリンピックと大きく違うのは、「放送作家として欽ちゃんのところに居候することになりました」では親戚は拍手してくれないんです。「じゃあ、仕事は何をやってるの？」って話になるんです。芸能界に入ったというのは自分の中だけの夢の達成であって、家族や親戚から見たら、まだ何も達成してないんですよ、実はね。会社に入ったのとも違うんです。僕の場合、実際は就職浪人に近いわけです（笑）。何も収入を得ているわけでもないし、ハッキリ言って幽霊部員みたいなもんですよ」

大学に通いながら、萩本の自宅で寝泊まりする生活が始まった。テレビ版『欽ドン！』に投稿していた益子《ますこ》強《つよし》、週刊誌の作家募集を見て応募してきた大倉利晴《おおくらとしはる》、そして鶴間の三人が居候していた。彼らは〝サラダ党〟と呼ばれるようになる。衣食住が約束されていて、先輩たちの身の回りの世話や掃除をやる必要もなかった。しかし、萩本から具体的な指示は何もない。毎日が漠然と過ぎていった。

「本当にゴロゴロしてただけ（笑）。先輩たちの時も最初はゴロゴロしてたらしいです。何を教えてくれるわけじゃないんです。「これをやれ」ってわけじゃないんです。欽ちゃんは何も教えない。人間のやる気を試しているというか……。要するに、教えるってことは「これをやれ」になっちゃうんですよね。そうすると、普通の会社と一緒になってしまうんです、実は。やらされたことになるわけですから。やっぱり、やらされたことはやらされたこと。自主的に始めたこととは違うんですよ。そこには雲泥の差がある。だから、自主的に何を始めるのか、自分で探せってことなんです。まだ時間にゆとりがあるから、萩本流で遊ばせて、自分で探させてたんですよ」

普通ならば、先輩作家について雑務をこなしたり、事細かに指導する形を想像するだろう。しかし、萩本流はまったく違ったのだ。

「早く仕事を覚えて、即戦力になれっていうわけでもない。萩本さんは僕らを泳がせて、何者なのかを確認しているところだったんです。のちに萩本さんに「よくどこの者かわからない僕たちを自分の家に居候させてましたね」って聞いたことがあるんですよ。「自分（萩本）が留守の時、その若者たちがゴロゴロしてても平気だったんですか?」って。そうしたら、「賭けだった」と言ってました。それはいい賭けだったと。金庫からお金を持っていっていなくなっちゃう可能性もあったし、みんなが善人とは限らない。でも、「萩本欽一が好きだ」と言ってくれる人たちにベットしたんだと思います。ここに来たいという人間にそんな悪いヤツはいないっていう気持ちもあったんじゃないでしょうかね」

もちろんそんな事情がわかったのは、だいぶ後のことだ。鶴間はその状況を普通に受け入れ、何となく日々を過ごしていく。役に立ったことと言えば、萩本の将棋や麻雀の相手を務めた程度。時には萩本からやる気のなさをたしなめられた。「面白い企画は考えたか？」と問われることもあったが、自信のあるアイディアは浮かばず、口ごもる始末。痺れを切らした萩本に激怒され、「鶴間、明日からお前はマンドリンを習え！」と無理難題を突きつけられたこともある。別の作家希望者が現れた時には「お前はこいつと将棋で勝負しろ。勝ったほうが作家見習いとしてここに残る」と命令され、何とか勝負に勝ったこともあった。

「そんな状況に疑問を一切考えなかったですね。僕自身が変わっていたのかもしれないけど、その空間に入れたことで感動しているんで（笑）。大学中退という方法もあったんですが、僕が大学を卒業するのは親父の一つの夢だったし、親にお金はすべて出してもらっていたので、卒業だけはしておこうと思って。一年間は大学と居候生活の半分半分でした。そのことについても、萩本さんから「大学を辞めれば？」とか、「大学に行きなさい」なんて会話は一切なかったです」

「笑い」とはどうズラすか

一般的に知られている鶴間の物語は、そんな怠惰な日々を送っていく中で、徐々に萩本の思いを理解していく……というものだが、実際は少し違う。なぜならば、鶴間は「ハガキ職人として声をかけられた」からだ。ラジオ版『欽ドン！』のスタッフが「この番組から育った作家だから……」と不憫に思い、ニッポン放送での仕事を紹介してくれた。

「食っちゃ寝食っちゃ寝していたほうがエピソード的には面白いけどね（笑）。映画化されるならそっちがいい。でも、欽ちゃんが仕事に行った後、家でダラダラしていたのは事実ですから」

鶴間は居候を始めた半年後、ニッポン放送のナイターオフ番組に携わることになった。しかも見習い作家ではなく、いきなり帯番組で曜日担当を任された。

「プロデューサーさんとディレクターさんが『原稿はこう書くんだよ』って細かく教えてくれました。自分の番組から出た子供だから、かわいいみたいなところはあったんだと思います。優しくお仕事をくださったんですよね。彼らがしっかりしてましたから、いきなり実践ですよ。今考えると、『九割方俺らでなんとかするから』と腹を据えていたのかもしれません。本当にすべてが新鮮でした」

鶴間はスタッフの動きや役割分担、番組作りの段取りなどを実体験の現場で実習していく。翌年は夕方二時間の帯番組『ホームランワイド』を担当。そこで、いきなり大役を言い渡される。王貞治がホームランの世界新記録・七五六本を樹立したのを記念し、番組内で毎週三〇分かけて「王貞治物語」を放送することが決定し、その台本を書くことを命じられたのだ。

「上の人に「お前、野球好きだろ？」と聞かれたんで、「はい、好きです」と答えたら、「じゃあ、お前が書け！」と言われて……。他の作家さんはあんまり野球が好きじゃなかったんです。三月まで二六週あるわけですから、全二六回。必死に書きました」

自伝や世界記録を記念して作られたグラビア誌を多数買い込み、必死に原稿を書いた。境遇や家族構成、子供の頃の生活、のちに師匠となる荒川博との出会い、一本足打法の開発秘話など様々なテーマをはめ込んだ。途中に王本人のインタビューや野球中継の実況なども入る本格的な企画だった。

「今から考えると、ディレクターさんが優しかったなあ。その方は何年か前、長嶋さんが引退した時に、『長嶋茂雄物語』を作っていて、見本となる台本を見せてくれました。もうどうしようもないヤツなのに、本当に優しくて。だって、それまでハガキに書いて送ってたお笑いネタとは何にも関係ないんだよ？（笑）。コントでも何でもないんだから。でも、僕はやらざるを得なかった。ディレクターが僕の本文を相当直したんだと思う。で、その原稿を玉置（宏）さんが読むわけですよ。「貞治はこの時……」って」

他局での仕事も経験。ＴＢＳラジオで当時人気だったくず哲也の『くず哲のヤンヤン大学』を担当し、番組本の製作や公開収録などにも携わった。

ラジオの仕事をしながら、萩本家での居候生活も続け、毎晩、萩本とテレビスタッフが会議する横につき、耳をそばだててその会話を聞き入った。そうやって作家としての下地を作った鶴間は、この時期、「良い子悪い子普通の子」という言葉を考案している。

「欽ちゃんから直接は教わってないけども、喋っていたことを横で聞いたりしていろんなことを学びました。一番の核になっているのは、発想力じゃないですかね、やっぱり。よく「物を斜めから見ろ」と言うけども、それってよくわからないじゃない？　斜めから見ても同じものだもん（笑）。実は「あらゆる角度から見なさい」ってことなんだよね。「どう噛み砕くか？」ってことなんです。「自分が持っている固定観念を外して考えろ」、「世間の固定観念を崩して考えろ」ってことなんです。つまり、世間の固定観念を裏切る面白いことはないかって考えるだけなんです。それは欽ちゃんから教わりました。欽ちゃんの最大の発想法というのは、真逆をやるってこと。だから、今でもまずはそこから考えます。世間がみんな反対だったら、賛成の立場に一回なって、その理由を考えてみます。逆転の発想ですね」

真逆の視点から物事を考える。そんなバランスの取り方は、のちに鶴間が担当する数々の番組にも当てはまる根本的な視点となる。それはものの考え方であるのと同時に、お笑いの基本でもあった。

「笑いも結局そうじゃないですか。世の中とは違うことを言って、だから笑いになるわけだから。単純に言うと、笑いはどうズラすかなんです。みんなが思っていることを言ってもダメで、ズレているから面白いわけですから。文字がズレているのがダジャレ。喋っていて言葉を噛んでしまう瞬間って面白いけど、あれも感覚的なダジャレだよね。要は道でつまずくのと一緒。口がつまずいているわけだから（笑）。基本形として、普通はつまずかないというベースがあって、そこでつまずくから面白い。それよりももっと面白いのは転ぶこと。だから、怪我しない面白いつまずき方、転び方を考えるのが僕たちの仕事なんですよ」

構成作家としてやっと一本立ちできそうになった時、鶴間は『ラジオはアメリカン』、そしてコサキンシリーズの始まりとなる『夜はともだち コサラビ絶好調』（初期はコサキンではなく、コサラビと称していた）を担当することになった。どちらも放送局はＴＢＳラジオ。八一年のことである。

『ラジオはアメリカン』の懐の深さ

先に始まったのは四月開始の『ラジオはアメリカン』。『ヤンヤン大学』のディレクターから声がかかり、番組の立ち上げから参画した。初代パーソナリティはラジオたんぱですでに活躍していたアナウンサーの大橋照子《おおはしてるこ》。ゲームメーカー・ナムコによる一社提供で、若いリスナーが多い三〇分番組だった。ナムコの関連施設を中心に積極的に全国各地で公開録音などを開催。ハガキコーナーに加えて、面白い音声をカセットテープで送ってもらう「おもしろカセット」が人気を博した。

この「おもしろカセット」は幅が広く、自作曲、既存曲の替え歌やアレンジのほか、偶然録音した日常会話、他局のラジオで流れた音声など様々なバリエーションがあった。番組のヘビーリスナーにいくつか例を挙げてもらったところ、『およげ！たいやきくん』の冒頭を「毎日〜毎日〜新聞」に変えた替え歌、『天才バカボン』のテーマ曲を淡々と朗読するネタ、タコとイカが乱獲される苦悩を吐露する自作曲『がんばれタコイカくん』などバラエティ豊かな投稿があったという。

「当時は著作権とか厳しい時代じゃなかったんで。だって、テレビや他局のラジオを録音して流してるんだよ？（笑）。しかもそれを編集して。タモリさんのオールナイトニッポンで、NHKのラジオニュースをツギハギにしてネタにする「ツギハギニュース」（NHKからのクレームで三カ月で終了）なんかをやっていた時代だからね。それで、寝言でも鼻歌でも、何の音でもいい。自分で作った曲でもいいから、面白いカセットを送ってちょうだいと企画して。あれは面白かったなあ」

初代パーソナリティの大橋が夫のアメリカ転勤に伴い、八五年四月に降板。その後、二代目の斉藤洋美《さいとうひろみ》が九三年六月まで、三代目の大原のりえが番組終了となる九六年六月まで担当した。

「大橋さんはパーソナリティとして安定感があるというか、しっかりしてたんで、僕はスタジオの中でクスクス笑っているだけで、ほとんど笑い屋でした。で、大橋さんがサンフランシスコに行くということで、じゃあ、次のパーソナリティを誰にしようかとなった時に、大橋さんの推薦もあって、ラジオたんぱの番組をやっていた斉藤さんになったんです。これがね、大橋さんの安定感が一〇〇だとすると、斉藤さんは三〇ぐらいでグラグラ（笑）。で、リスナーが逆に「これはやばいぞ。ラジアメが終わっちゃう。俺たちリスナーが頑張らなきゃ！」と思ったのか、ハガキが急に面白くなったの。リスナーが残りの七〇％を支えてくれたんだよね」

アナウンサー出身だった大橋とは違い、斉藤はあくまでもラジオDJとして芸能界に入ってきており、アイドル的な立場だった。大橋に比べると心許なく、結果的に構成作家の鶴間が番組上で喋る機会が増えた。

「大橋さんと同じ土俵に上がると、斉藤さんは歴然と差があって。三〇分の深夜放送とは言え、僕が喋って、ツッコミを入れるぐらいでちょうどよかったんです。僕もやっと喋れるようになってたので。当時は上から目線で斉藤さんを操っているという感覚はまったくなくて、一生懸命盛り上げないとと、その方法しかなかったんです。そうしたらそれがうまく行って、斉藤さんとは八年近く一緒にやりました」

番組は一五年間継続。お笑い系とは別の流れでハガキ職人を生み出し、のちに大きな影響を残している。リスナーとの距離は近く、大橋は家の前に集まったリスナーと出社したり、アメリカに移住後にはリスナーが家に泊まりに来たこともあったという。爆笑問題の太田光は大橋時代のヘビーリスナー。また、アニメ『おそ松さん』のチョロ松役や『ONE PIECE』のトラファルガー・ロー役などで知られる声優の神谷《かみや》浩史《ひろし》はアーケードゲームのラジオCM目当てでこの番組を知り、斉藤時代の熱心なリスナーになった。

「『ラジオはアメリカン』はオーソドックスな番組で。面白いことをやるのに変わりはないんだけど、オーソドックスなことを考えながら、小中学生にも入ってこれるような空間を作っていたんです。何がよかったたって、全国十数局ネットで放送してたんですけど、東海ラジオでは日曜深夜の二時一五分から放送してたんです。で、二時四五分に終わる。その当時、日曜の夜は二時を過ぎるとどこもラジオが放送してなかったんです。でも、リスナーは何か聴きたい。そういう人たちが全国から東海ラジオに集まってくる。あとは、TBSラジオでも放送してたけど、聴き逃した人が東海ラジオで聴いたりするわけ。そういう現象が凄くよかったんですね。ラジオ好きが最後に辿り着く島みたいな。東海ラジオの不思議な時間というのがいいプレゼントだったなあ」

素人同然のコサキンとの出会い

そんな『ラジオはアメリカン』に遅れること半年。八一年一〇月にスタートしたのが『夜はともだち』。〝コサキン〟こと小堺一機&関根勤のラジオである。『夜はともだち』は平日夜の帯番組。基本、アナウンサーの松宮一彦《まつみやかずひこ》がパーソナリティを務めていたが、木曜日はTBSテレビの『ザ・ベストテン』に追っかけマンとして出演していたため、その日のみ、コサキンが担当することになった。

関根と小堺はともに素人参加型番組『ギンザNOW!』（TBSテレビ）の「しろうとコメディアン道場」の優勝者。関根は「ラビット関根」の名前で『カックラキン大放送!!』（日本テレビ）に出演しており、異質なカマキリ拳法のネタを披露していた。小堺は『ザ・トップテン』（日本テレビ）のレポーターを担当。関根のほうが数年先輩にあたるが、どちらもそれほど目立った芸人ではなかった。二人でライブハウスでの活動を始めていたが、正式なコンビは結成していなかった。

コサキンの所属する浅井企画と萩本企画は同系列で、それもあって鶴間に声がかかった。ここで初めて鶴間はコサキンと出会う。年齢は上から関根、鶴間、小堺の順で、ちょうど一歳違い。同世代同士すぐに意気投合し、そして初回を迎える。

記念すべき第一回は、コサキンが得意とするモノマネを中心に番組が構成されていた。しかし、二人はガチガチに緊張していた。それまでのキャリアと経験を考えれば異例の抜擢。当然、うまく二時間番組を回すことなどできず、噛み合わないまま番組は終了してしまう。直後に浅井企画の川岸マネージャーから電話が入り、「聴くに耐えん。辞めちまえ！」と罵声が飛んできた。

リスナーからの反応も芳しくなく、二回目の放送前に届いたハガキはわずか二通。打ち切り説まで浮上した。コサキンと鶴間らスタッフたちは「今どきの番組ではなく、自分たちの得意な形でいこう」と方針を大きく切り換える。あまりの重圧に、小堺と関根は番組を降りようと密かに決意したものの、自分たちからは言い出すことはできず、「クビになるように仕向けよう」と考えたそうだが、それが逆にいい方向に転がった。

鶴間は著書『人に好かれる笑いの技術』（アスキー新書）の中で、その時に決めた基本方針を三つの言葉にまとめている。

「似ていなくても、モノマネ連発」、「意味ねぇ〜、無理矢理な精神」、「無意味な絶叫、奇声」。二人が活きるこの振り切った方針がコアな深夜ラジオリスナーの心をつかんだ。ハガキは倍々ゲームのように増え、二人のトークも徐々にスイングするようになっていく。「ゲベロッチョ」、「ウンポコピュー」、「ツチェチェチェチェー」、「モレッ」、「トーケー」、「ブラッブラッブラッ」。そんな意味不明な擬音が乱発される番組になった。こうして、愛すべき〝意味ねぇ、くだらねぇ〟ラジオが本当の意味でスタートしたのだ。

筆者も一時期コサキンのラジオを聴いていたが、初めて触れた時、まったくトークの意味がわからなくて衝撃を受けたのを覚えている。必死に食らいつき、よく出てくる単語や登場人物を漠然と理解できるようになって、やっとその面白さがわかるようになった。とにかく中毒性のある番組で、特有の暑苦しさと全力感があった。聴き終わった時に笑いすぎてドッと疲れに襲われて、そのままますぐに眠れるような……でも興奮して寝つけないような不思議な感覚になったのが印象的だ。今でもオマリーの『六甲おろし』を聴くと、反射的に笑ってしまう。

コサキンの二人がやりたいようにやる中で、作家の鶴間はある種の冷静さを保って番組を進めていた。

「暴走するようなネタが来るとするじゃないですか。そうすると、それに続くハガキも過激になっていくわけですよ。でも、読むともっと暴走しちゃう可能性があるものは読まないようにしてましたね。リスナーはそれがよかれと思ってもっと暴走させようとするわけですけど、過激になりすぎてもダメなんで。例えば、「意味ねぇ」をやるにしても、歴史的なことや日本史なんかをベースにして、どう「意味ねぇ」するのかとか、モラルがあった上でのスパークを志してました。「おはがき列島」（ネタコーナー）で読むハガキの順を構成するにしても、最初は振りを入れて、段々盛り上げるようにハガキを並べて、最後は「バカでぇ！」で終わる並びにしてましたよ」

番組内の人気コーナーは「意味ねぇCD大作戦」。文字通り、『欽ちゃんのドンといってみよう！』の「レコード大作戦」をオマージュしたものだ。様々なコミックソング、意味不明な曲が発掘され、コサキンソングと呼ばれるようになり、番組を彩った。

「僕は「レコード大作戦」が大好きだから、「CD大作戦」の台本を書くのが毎週楽しみでした。ある時に変わったのは、作家の有川（周壱）君がスターになっちゃったの（笑）。絶叫マシーンに乗った時の「やめてやめて」って声を使ったりとか。あとはゲストの存在も大きかったですね。そのゲストの声をうまく使いながら遊ぶとか。CDを使うのもあるけれど、番組で派生した音声も遊ぶ。完全に内輪ウケではあるんだけども、流れで生まれたものをどう拾い上げていくかっていう放送にシフトしたわけ。内輪ウケではあっても、それを気にしてたら、せっかくいい流れができたのに止めちゃうといけないんで。だって、自分が面白いんだもん（笑）。だから、自分の感覚で選んでましたね。今、自分が面白いと思うもの。こっちに向けたらもっと面白くなるだろうっていう方向指示器の役目だけは、自分のアンテナでやってました」

鶴間がよく思い出すネタは「馬の自己紹介」。映画『男はつらいよ』のテーマ曲に入る「私、生まれも育ちも葛飾・柴又〜」という前口上を、「私、生ま」で切るという斬新なネタだ。

「見事にスパッと切って（笑）。うまいじゃない、その切り取り方。そして、くだらないじゃない？　その前のイントロもちゃんと効くんだよね。あれは見事だよ。今でも通用する。今、聴いても面白いっていうね」

ブースの中の内と外

その後もコサキンのラジオは放送時間を変えながら続いていった。この番組をキッカケに有川周壱、舘川範雄《たてかわのりお》、楠野《くすの》一郎《いちろう》といった次世代の構成作家たちが誕生し、帯番組の『岸谷五朗の東京RADIO CLUB』、深夜の帯番組「パックインミュージック21」で活躍。コサキンと鶴間の作り出した笑いは、TBSラジオの深夜帯で大輪の花を咲かせた。

「『ラジオはアメリカン』をやりながら、コサキンができたから良かったなと思うね。「これはコサキンではできないけど、ラジアメにいいだろう」とか、「これはコサキン向きだろうな」とか考えられたから。例えば「これはテレビ向き」とかもね。アイディアを考える時にそこから振り分ける発想もできたし、その番組のことを考えながらも、実は「あっち向きかもな」って発想の転換もできたから、凄くいいバランスだったと思いますよ、作家としても」

鶴間はテレビ界でも活躍。『SMAP×SMAP』、『全日本仮装大賞』、『笑っていいとも！』、『王様のブランチ』など錚々たる番組に携わっている。お昼のトーク番組『いただきます』、『ごきげんよう』では小堺とタッグを組んだ。ちなみに、『ごきげんよう』のサイコロトークを考え出したのも鶴間である。コサキンとラジアメ、ラジオとテレビ。常に発想を行き来させながら、アイディアを生んでいった。

実は関根からも同じような話を過去に聞いたことがある。以前、アイドル雑誌でインタビューした際に、ラジオやカンコンキンシアターのような自分がやりたい過剰な笑いを「専用のコースを走るF－1車」、テレビに求められる視聴者目線のリアクションを「公道を走る市販車」にたとえ、「F－1で培ったものをチューニングして市販車に落とし込む」、「最先端の流行りを確認しつつ、コアなファンの期待にも応えるために、F－1にもしっかり挑む」という話をしていた。そのバランス感覚は鶴間と共通している。両者の師匠にあたる萩本流の「逆転の発想」がここにも表れているのかもしれない。

テレビとラジオ、両方に深くかかわっている鶴間はその違いについてどう考えているのだろう。

「ラジオは皮膚感ですよ、やっぱり。テレビにはないんです。感覚的に言うと、映像が入ってくるんで、また一つ発想が違うんですね。ただ、第一次発想はどっちでも良いんです。「なんか面白いことないかな？」っていうのがまず最初の発想ですから。そこからラジオ的か、テレビ的かで変わっていくわけで。ラジオではラジオの良さがあるし、テレビにも良さがあるし、どちらが引き立つかっていうのを考えるんですよ。まあ、作家としてはラジオもテレビも好きです。ラジオは自分を育ててくれたし、テレビも自分を育ててくれたから。でも、ラジオはずっとやっていたいなあって気がするなあ」

「ラジオの皮膚感」はやはりリスナー経験・ハガキ職人経験が元になっていた。

「人それぞれだと思うけれど、僕は投稿していて良かったなと思う。なぜかっていうと、リスナーの気持ちがわかるから。「自分がリスナーの立場だった時はどういう気持ちで聴いていたんだろう？」っていつも置き換えて考えてました。どんな風にパーソナリティから言われると嬉しいのかもわかっているし、あまり甘えさせてもいけないしとか、ベタベタしてもダメなんだっていうのもわかってますから。飴と鞭の使い方ですよ。自分が甘えちゃうと、そこだけのパーソナルな放送になってしまうからね。本当に好きな人しか聴かなくなってしまうっていう。やっぱり広い放送にしないといけない。だから、ラジオの世界の中にいるけれど、外に出たり、行ったり来たりしながら番組を作ってました」

「意味ねぇ」番組の影響力

ＴＢＳラジオにおいて、コサキンがお笑い芸人の深夜番組の礎になった。「スーパーギャング」、「UP'S」、「ＪＵＮＫ」などの枠の名前は変わっても、そこには常にコサキンの二人がいた。

しかし、二〇〇九年三月に番組は終了を迎える。この時点で小堺も関根も五〇代半ば。リスナーの年齢層も必然的に上がっていた。最終回イベントには約一五〇〇人のリスナーが集結。最後に鶴間が「コサキン以外にも人生の楽しみをみつけてください」と呼びかけて、二七年半の歴史は幕を閉じた。深夜ラジオを若者向けとするならば、コサキンはその役目を終えたと言っていいのかもしれない。

それでも、コサキンが時代に残したものは大きい。コサキンの背中を見てきた『伊集院光深夜の馬鹿力』と『爆笑問題　カーボーイ』は放送二〇周年を突破。伊集院も爆笑問題も五〇代を迎えたが、それでも深夜ラジオを続けている。深夜ラジオの「若者向け」というスタンスが弱まった影響もあるが、今の状況はコサキンがいたからこそのことだろう。

そして、二〇一七年には他局での〝復活〟も実現した。発端はオールナイトニッポンのパーソナリティを務め、二〇一七年にギャラクシー賞ＤＪパーソナリティ賞を受賞した星野源の存在だ。

星野は生粋のコサキンのヘビーリスナー。中学・高校と通学に電車で片道二時間かかる学校に通っていたが、一日行き帰りの二回、それも一週間毎日、その週の音声を繰り返し聴いていた。コサキンのコンビネーションと作家たちが作る空間がとにかく好きで、学生時代は「あの中に行ってみたいなあ」と想像していたという。常々、「思春期だったから、人格形成はほぼコサキンでされた」と語っている。恋ダンスで一世を風靡した『恋』の歌詞には「意味ねぇ」に繋がる一節があり、また名曲『くだらないの中に』は、まさにコサキンの「くだらねぇ」の精神から生まれた歌だ。

各所の協力もあり、二〇一七年四月、『星野源のオールナイトニッポン』に小堺と関根がゲスト出演した。「意味ねぇCD大作戦」も一夜限りの復活。例題は鶴間が作った。衰えをしらないコサキンのノンストップトークは、星野も、昔からのリスナーも、今のリスナーも大笑いさせた。放送後、星野は番組内のコーナーで、コサキンソングの『君はトロピカル』(中井貴一)、『ときめき』(布施明)を使用するようになり、定期的に流れている。

各局の深夜ラジオに今もなお影響を残しているコサキンは、確かに「意味ねぇ」番組だったが、やはり意味があったのだ。

やりたい放題だけじゃダメ

ラジオ終了後も、鶴間とコサキンの関係は続いている。BSやCSなどでラジオに近いスタイルのテレビ番組を定期的に放送。鶴間もオブザーバーとして収録に立ち会ってきた。

「でも、テレビでは限界があるんです。音源が使えないとか、映像の許可が要るとか。見る面白さはあるんですけど、コサキンの魅力って想像する面白さにあるんじゃないかと思うんです。たぶん関根さんはアホな顔してるんだろうなとか。「バカでぇ」はやっぱり誉め言葉で、それを想像して笑うっていう。コサキンの場合、映像があるものって繰り返して見ると魅力がちょっと減るんです。ラジオの場合は、昔のものを何回聴いても面白いんだから。ラジオの魅力ってそこなのかなって。不思議なんです。映像って限界があるんですね。だから、見るっていう作業は不思議です。今、ランダムにコサキンのラジオを聴いても、全部楽しんで聴けるような気がするんです。「ばかでぇ。こんなこと言ってるよ」って（笑）。それをリピートしてもう一回聴けるっていう」

鶴間はよくコサキンとのトーク、そしてラジオ番組を「生ジュース」にたとえている。

「リスナーは生ジュースの元を、フレッシュな元を送ってきてくれるんです。その生ジュースを二時間かけて、ハガキっていうネタで飲ませてもらっているわけなんです。だから、僕らは若くいられる」

ただ、「コサキンのリスナーが生ジュースを送ってくる」と聞くと、どうしても変な色を想像してしまうのは私だけではないだろう。

「そう！　変な色なんだろうね（笑）。だけど、新鮮なんだ。色をたくさん混ぜると黒くなっちゃうでしょ。絵の具もそう。最終的には黒くなっちゃうからね。でも、生ジュースだからラジオって必要なんですよ。ユーミンも、山下達郎さんにしても、福山雅治くんにしても、みんなラジオを続けているじゃないですか。やっぱりラジオが好きなんでしょう。だからこそ、大事なことがわかっているんです。そこは皮膚感なんですよね。リスナー側もそう。その皮膚感がある人たちがＣＤを購入してくれるわけじゃないですか。最小顧客になるわけですよ。ＣＤを発表する場にもなるし、ラジオを続けるメリットがちゃんとわかっているんでしょう、たぶんね」

生ジュースとして若返りにも繋がるラジオ。そのチューニングして合わせるという感覚が鶴間はとにかく好きだという。

「そこはテレビと違うんだよね。なんか面白いことがやってないかなあって、自分のアンテナと合うものがあるか、それを探すという楽しみがいいんです。本屋さんで本を探すのともまた違うんだよね。何なんだろうなあ。自分の波長と合うものを探しているんですよ。これをちょっと聴いてみようか……いや、合わないなあ……じゃあ、こっちかなあっていう。それはラジオだけの波長なんです」

初めて出会ってから三六年。未だに鶴間、小堺、関根の間には「中二の放課後トーク」が続いている。

「変わってないですねえ。何年ぐらいでコサキンワールドができたのかな。二年ぐらいで確立したのかなあ。マンネリ？　そこは職人なんじゃない？　一〇年、二〇年経った段階で、もう皮膚感で、その空間になったらパッとやるみたいな感覚があって。プロになったんだよね。逆に言うと、もはや生活の一部で。週に一回番組をやるのがリズムというか、当たり前のようになっていて。聴くほうも生活の一部だし、喋るほうも生活の一部になっていたんですよ」

そこまでの感覚を共有できるのは、やはり同世代という要素が強いのだろう。

「最初は関根さんと小堺さんがどういう思考かよくわからなかったんですけどね。作家もそうなんですけど、同世代を生きた人間でやるのがいいと思うんですよね。同じ発想というか。僕の持論なんですけど、同世代って同じテレビを観て、同じ雑誌を買って、同じ玩具で遊んで。同じお菓子を食べて、同じような遊びをして、そしてこの世界に入ってくるということは、似たような性格をしているんですよ。視点も同じでね。そうすると、「関根さんはこれが好きそうだなあ」とか、「俺が好きなんだから、小堺さんも覚えているだろうなあ」とか、発想が広がっていくんですよ。欽ちゃんとは一三歳離れているから、発想がまた違うわけです。だから、その時代その時代のディレクターと作家とパーソナリティ三人で番組を作っていくものなんですよね」

ラジオ番組はパーソナリティと構成作家とディレクターの三つ巴で、三辺がバランス良く正三角形になっているのが番組にとって一番いい状態であり、「その時こそリスナーへ気持ちが届く」というのが鶴間の基本的な考えだ。若者向けの深夜ラジオの場合、その三者が同世代であればなおいいが、同時に〝大人の番組〟も必要になる。

「大人の番組はディレクターとプロデューサーがちょっと年上で、物の考え方を作家もパーソナリティも教わりながら番組を作るのがいいですよ。そのほうが従順な放送、素直な放送になりますから」

深夜ラジオのような同世代が作るやりたい放題だけの番組も必要だけれど、それだけではいけないと鶴間は言う。

「僕はそんな大人の番組がラジオ全体の四分の一ぐらいを占めててほしいんです。そうじゃないと、バランスが取れないような気がするんです。大人が作る放送、大人が管理した放送がないと、ただこのコミュニティの放送ばっかりになってしまうから。それはミニ放送局でいいんじゃないかと。そうじゃなくて、大人が作っているという重石がないと。倫理委員会みたいなもんだよね。ラジオとはこうあるべきだっていう。ラジオ好きのベテランが作る番組がないといけないんです、今は。若者たちは無我夢中で番組を作っている。その無我夢中は、大人の番組があるから生きるわけであって」

お笑い芸人とのかかわりが深い鶴間だが、すべてがお笑い番組になるような状況はよしとは考えていない。

「一二色のクレヨンじゃないけども、二四色の絵の具じゃないけども、白もあって黒もあって茶色もあって、緑もあってピンクもあって……って、要するにそれぞれの色があってこそバランスが取れると思うんだよね。赤と青だけじゃダメなんですよ。やっぱりいろんな番組がないと。茶色い番組もあって（笑）。渋い番組があるから、ピンクのアイドル番組もいいよってなるじゃないですか。そのバランスが取れている状況が一番いいと思います」

居候から始まった構成作家生活――。最後に、ラジオ界とテレビ界で確かな実績を残してきた鶴間が思う「構成作家に必要なこと」とはなんだろうか？

「僕がずっと言ってるのは、作家って雑学を毎日食べて生きているんです。すべて雑学。それに加えて、今何が起きているのか、時代の空気を吸いながら、それらをどうアレンジしていくかってだけのことなんです。それを仕事でアウトプットするってことだと思う」

ちなみに取材日の前日、鶴間は安倍晋三総理と昭恵夫人について調べていたという。

「仕事に繋がるかどうかは関係ないんです。だから、好奇心ですよ。興味としてここが面白いなと思ったらすぐに動く。いつ使えるからじゃなくて、そこから生まれる利息みたいなもんなんです。小さな財産ですよね。小説家とか、放送作家とか、ディレクターとか、物を作る人たちって、そういうことを知れる喜びが毎日あるんですよ。それをいつも探して生きているんです」

義務感や仕事に利用できるという計算が働いてするのではなく、自然とそれができたからこそ、鶴間は今も構成作家として活躍しているのかもしれない。

「無意識にそれをやる人が作家に向いているんです。〝名は体を表す〟じゃないけどね、鶴間政行……「政（まつりごと）を行う」なんてありえないなあってずっと言ってたんです。政治を行う人に絶対自分はならないと思ってきました。だけど、よくできていて、この字を分解すると、「正しい文の行」を書く人なんです。作家なんだよね（笑）。作家になるべくしてなっているんじゃないかって。〝名は体を表す〟という言葉は当たっているんです（笑）」

コラム　ラジオの転換期

一九九二年、バブル景気が崩壊し、世の中は不況に突入。各メディアに逆風が吹いた。ラジオの広告費は深夜ラジオ開始前の六五年以来二七年ぶりに前年割れを記録する。その後もラジオの広告費は一進一退の状況が続いて回復せず、二〇〇〇年にプラスを記録して以降、再び苦難の時代に突入する。

広告費に比例して、聴取率も低下してしまう。九〇年代冒頭のセッツインユースは八〜九％台だったが、九九年にはとうとう六％台を記録する。二〇〇〇年に入って七％台に復活したが、その後も厳しい数字が続く。

最盛期である九一年のラジオの広告費は二四〇六億円を記録したが、二〇〇〇年には二〇七一億円に減少。テレビ、新聞、雑誌も苦境に立たされる。

この四大メディアに反比例するように、インターネットや衛星放送は躍進していった。九〇年代後半から爆発的に普及していく。ラジオ局のホームページもこの頃に開設され、音声配信なども行われるようになった。

携帯電話の広がりも見逃せない。ラジオにとって大きいのは九九年から始まったEメール機能だろう。九〇年代は家庭用FAXが普及したため、ラジオでは生放送中のFAX募集や、番組側からの情報発信も行われていたが、携帯でEメールが送れるようになったことで一気に状況が変わり、メールでの投稿を受けつけるラジオ番組が増えていった。携帯のEメールは当初、文字数制限があったものの、のちに緩和。お金を使ってハガキを購入する必要がなくなり、手軽にたくさん投稿できる環境となった。

この時期におけるラジオ界の大きな変化の一つにデジタル化が挙げられる。それまでオープンリールを使い、ラジオ番組の編集も直接テープを切断して行われていたが、九〇年代半ばからデジタル機材が一気に広がっていった。二〇〇〇年代に入ると、オープンリールでの編集技術が消滅し、編集時間も短縮し、ディレクターの役目にも大きな変化を生んだ。

一般層にもデジタル化が広がり、MDが九二年に発売された。モノラルであれば二倍の音声が録音できたので、カセットテープからMDに切り換えたラジオリスナーも多かった。

厳しい状況ながら、ラジオ界も積極的にいろいろと仕掛けている。九一年には通信衛星を使ったデジタルラジオ放送局のセント・ギガが開局。九二年にはAMラジオのステレオ放送が始まった。九四年にはTOKYO FMが見えるラジオ（文字多重放送）をスタートしている。それぞれその時には大きな話題になったものの、現在は消滅もしくは衰退しているが、それは時代の変化がそれだけ急速だったことの証拠と言えるかもしれない。

また、九五年一月に阪神・淡路大震災が発生。この時にラジオの存在が改めてフィーチャーされたことも強調しておきたい。

深夜ラジオも揺れ動く。この時期はFM局の深夜ラジオも、音楽ではなく、トーク中心のAM的な番組が増え始めており、リスナーの取り合いが激化していた。

そんな中、文化放送は深夜の生放送を九年ぶりに復活させる。大学受験ラジオ講座や録音番組だった深夜帯を切り換えて、九四年に「Come on FUNKY Lips!」を立ち上げた。月〜木の深夜〇時〜二時放送で、五年間続いた中心的存在の今田耕司&東野幸治のほか、松岡充（SOPHIA）、宮田和弥（JUN SKY WALKER（S））、鈴木杏樹、飯島愛などがパーソナリティを担当。一時的ではあるが二部的な位置の『LIPS FACTORY』も深夜二時から放送された。九九年には『LIPS PARTY

21.jp』にリニューアルされ、二〇〇三年まで続く。
特筆すべきはパーソナリティに声優の國府田《こうだ》マリ子の名もあったこと。九〇年代から文化放送では声優・アニメ関連の番組……いわゆる〝アニラジ〟が増え始め、「Come on FUNKY Lips!」の放送されない金曜日にはアニラジが並んでいた。

ＴＢＳラジオは七年半続いた「スーパーギャング」を終わらせ、全盛期の番組名を引き継ぐ「パックインミュージック21」を九二年春に開始する。深夜〇時～二時、二時～三時の二部制で、アーティストの奥居香、辻仁成、立川俊之（大事ＭＡＮブラザーズバンド）、お笑い芸人のバカルディ（現さまぁ～ず。当時は、タレントのちはると三人で担当しており、通称〝バカル〟と呼ばれていた）、今田耕司&東野幸治（「FUNKY Lips!」よりも前に担当）、春風亭昇太&大川興業、ルー大柴&ラッキィ池田、さらに宮川賢《みやかわまさる》、大鶴義丹、江口洋介などバラエティ豊かなメンバーが番組を担当した（ちなみにコサキンはこの枠から外れ、土曜日深夜に移動）。しかし、伝説の復活とはならず、二一世紀を迎えられぬままわずか一年半で終了する。

枠が変わってもパーソナリティが継続することは多々あるが、この時はすべて終了となった。当時、筆者は聴いている番組が一気に終わってしまい、さらに次に始まった枠についていけず、悲嘆に暮れた。それが未だにトラウマとなっている。

その次に始まった枠というのが、九三年一〇月スタートの『シンデレラドリーム　ミッドナイト☆パーティー』。深夜〇時～三時の三時間番組だ。次世代を担う女性タレント、そしてラジオスターを生むべく立ち上がったこの番組は、一〇代の女性を対象に大がかりなオーディションを開催し、合格者がパーソナリティを務めるという壮大な企画だったが、人気は集まらず、二年で終了。今の状況しか知らなければ信じられないかもしれないが、ＴＢＳラジオの深夜帯は長期間混迷し続けていた。そして、九五年一〇月に新たに始まったのが「UP'S～Ultra Performer'S radio～」である。

この時、あの男が月曜深夜一時に番組を持つ。ニッポン放送を飛び出してきた伊集院光だ。

今もなお続く『伊集院光　深夜の馬鹿力』が月曜日でスタート。千原兄弟（火曜日）、佐竹雅昭（水曜日）、コサキン（木曜日）、恵俊彰（金曜日）と、ラジオ色の強いメンバーが並んだ。

その後、パーソナリティは切り替わっていくが、コサキンは曜日を変えながら継続。九七年春には火曜日に『爆笑問題　カーボーイ』、二〇〇〇年には「UP'S」の枠ではなかったが、金曜日に『極楽とんぼの吠え魂』がそれぞれスタート。お笑い芸人中心の流れが生まれる。

深夜帯の安定と同時進行するように、TBSラジオでも声優の番組が増えていた。「UP'S」のスタートと時を同じくして、深夜〇時台はアニラジが並ぶ『ファンタジーワールド』になった。また、九七年春から一年半の間、『林原めぐみのHeartful Station』が金曜UP'Sとして放送。同じく九七年春からは「UP'S」が三〇分短縮の深夜一時半スタートとなり、『ファンタジーワールド』の放送時間がズレた。今のJUNK中心の体制からは想像つかないが、TBSラジオでも一時的にアニラジが目立っていた。

ニッポン放送に目を移すと、オールナイトニッポンはこの時期も常に深夜帯の中心的存在だった。人気を博したビートたけし、とんねるずは九〇年代初期に終了したが、ウッチャンナンチャンや松任谷由実は長期間番組を担当した。

その後の中核となるナインティナインと福山雅治は二部を経て一部に昇格。オールナイトニッポンらしい「人気を得ていく過程をリスナーが併走する形」を体現し、人気パーソナリティの座に駆け上がっていく。九〇年代初期の電気グルーヴ、中期の松村邦洋、YUKI、石川よしひろ、後期のロンドンブーツ1号2号、西川貴教、ゆずも二部から同じような飛躍を遂げて、ラジオ人気を得た。

この時代のパーソナリティで特にピックアップしたいのは電気グルーヴだ。九一年六月に番組がスタート。土曜二部を一年四ヵ月、火曜一部を一年半担当した。決して長期間やったとは言えないが、大きな足跡を残している。特にラジオスタッフの中には、この番組の影響を受けたと公言する人が多い。
二〇〇〇年に発売された『Quick Japan vol.33』で「一〇〇％電気グルーヴのオールナイトニッポン」という特集が組まれているが、その冒頭で番組の魅力が簡潔にまとめられている。ヘビーリスナーであろうライターの平田順子氏が書いたこの文章に敬意を払い、引用させてもらおう。

電気グルーヴのオールナイトニッポンとは九一年六月〜九四年三月まで放送されたラジオ番組で、石野卓球とピエール瀧のふたりがパーソナリティを務めていました。その番組は私たち二〇代の人間に、ふたつの点で絶大な影響力を残しています。まずひとつは、かっこつけているもののかっこ悪さを笑ってしまうような、斜めにものを見る視線。そしてもうひとつは、テクノという音楽の伝導。しかしなぜ私が毎週彼らの放送を聞いていたかといえば、それは……楽しいから。あれだけ全力投球でサービス精神を発揮している濃密な番組はまだ他に聞いたことありません。だからＱＪは電気グルーヴのオールナイトニッポンを特集します。

電気グルーヴは代打での一部担当やワイド番組内の一〇分番組を経て、オールナイトニッポンを正式に担当するようになった。当時のオールナイトニッポンはアーティストが主流。一部のとんねるず、ウッチャンナンチャン、古田新太を除くと、すべての枠がアーティストで埋まっていた。『ビートたけしのオールナイトニッポン』を聴いていたという石野卓球とピエール瀧（そして、たまにまりん）のトークは過激で、芸能人のみならず、他の曜日を担当するパーソナリティたちまでよくネタにした。オールナイトニッポン全体で行ったプロジェクト「ストップＡＩＤＳキャンペーン」では、パーソナリティ全員が歌うCD『今、僕たちにできる事』が発売されたが、電気グルーヴはボランティアを強制されることに拒否反応を示し、スタッフの説得を受けて、渋々コーラスのみに参加したという逸話がある。地方に行く時、最寄り駅にゲリラ的にリスナーを集めて、自分たちを応援させたり（最終的には千歳空港で長嶋茂雄に似せた格好で姿を現し、一般客まで巻きこむ騒動を起こした）、女子高生一〇〇人を集めてもみくちゃにされるという願望を実現させたり、リスナーの家に泊まりに行く企画を立てながら、当日になってすっぽかしたりと、無茶な企画を連発。一部昇格前にはそれまでの名場面を振り返るリクエスト企画をすると告知したものの、実際の放送では架空の企画ばかりを展開し、リスナーにニッポン放送前に集合するよう呼びかけながら、実は録音放送だった、というドッキリまで行った。

最終回まで続いた「平成新造語」を中心に様々なネタコーナーも生まれた。ハガキ職人からの反応は二部の中では群を抜いていたという。また、リスナーの下着写真、陰毛、耳垢、声に聞こえる屁の音、納涼気分を味わえる放尿音などを募集する企画なども行われた。

過激なトークやコーナーがあった一方、毎週「お薦め」の曲を流すコーナーでは、インターネットのない時代に日本でいち早くテクノが紹介され、音楽の面でもリスナーに大きな影響を与えた。

話を元に戻そう。いい流れが続いていたオールナイトニッポンだが、九〇年代末期からは時代の変化に飲み込まれてしまう。九八年に二部が「オールナイトニッポンR」にリニューアル。九九年には夜帯全体が「LF＋R」と称されることになり、午後一〇時〜一二時放送の「allnightnippon SUPER!」が始動して、三部制に突入し、一部が「@llnightnippon.com」、二部が「allnightnippon-r」に改名された。メール募集、ネット配信などもいち早く実施している。深夜一時台を担当していた番組が午後一〇時台に移動となり、物議を醸した。

二〇〇三年に「LF＋R」が終わりを迎え、オールナイトニッポンの名称に戻る。SUPER枠は

「オールナイトニッポンいいネ！」に変更となるも、これも一年で終了に。〇三年秋には二部を中高年層向けに切り換え、「オールナイトニッポンエバーグリーン」に変更。初期のオールナイトニッポンのパーソナリティである齋藤安弘が月～木をすべて録音で担当した。

ニッポン放送が迷走していたと言われがちだが、他局の状況を見てもわかるように、当時はメディアの状況が激変していただけに、その正解・不正解を今の視点で論じるのは野暮なことだろう。しかし、結果的に二〇〇一年八月、聴取率首位の座はニッポン放送からＴＢＳラジオに変わり、現在（二〇一七年八月時点）までそれは続いている。

時代に合わせて深夜ラジオは変わってきたが、この時期は急速な変化についていけず、翻弄されていた。

4　すべてはニッポン放送に教わった

石川昭人に聞く

前のコラムを読んでもらえばわかるように、六〇年代後半に産声を上げてから常に順調だった深夜ラジオが、大きく揺れ動いたのが九〇年代後半から二〇〇〇年代前半にかけての時期だった。そんな激動の時代に、オールナイトニッポンを聴き、オールナイトニッポンをキッカケに構成作家となり、実際にオールナイトニッポンを担当するようになったのが、この章の主役・石川昭人《いしかわあきひと》である。

ラジオ界が襲われた大きな波を時に乗りこなし、時に飲み込まれてもがきながらも、現場で良質な深夜番組を作り続けてきた石川の証言をひもといていこう。石川はハガキ職人出身の構成作家。しかし、前述の鶴間政行とその道筋はまったく異なる。

「タコイカじゃんけん」への戦略的投稿

石川は一九七四年生まれ。広島で過ごした小学生時代にラジオに出会った。

「お袋が野球好きで、ナイターをラジオで聴いてたから、そもそもよくラジオがかかってる家だったんですよ。だから、ラジオは身近にあって、小学生の頃から好きでしたね。広島に住んでたんですけど、『サテライトNo.1』（中国放送）って番組があったんです。柏村武昭《かしむらたけあき》さんっていう広島で有名なローカルスターがやってたんですけど、そのネタコーナーが中国新聞にも載ってて。それ見て「こんなラジオやってるんだ」と思って、週に一回聴き始めたんです。それ以外にも、音楽番組をカセットに録音したりしてましたね」

中学時代に埼玉県浦和市に引っ越すが、そこでもラジオは近くにあった。受験勉強のお供はラジオで、授業が早く終わった日は『吉田照美のやる気MANMAN!』（文化放送）や『鶴光の噂のゴールデンアワー』（ニッポン放送）を聴いていたという。

その後、埼玉県立浦和西高校に入学。野球部で白球を追うことに没頭し、ラジオから離れていたが、試験勉強をする時に久しぶりにラジオのスイッチを入れた。その時に流れてきたのが『ウッチャンナンチャンのオールナイトニッポン』。そこから再びラジオに目覚めた。

「普通だと野球部って高校の花形ですけど、うちは違ったんですよ。昭和三〇年代にサッカー部が全国制覇してるんです。それ以来、学校の中心はサッカー部で、メイングラウンドを使ってて。野球部は裏にある田んぼに囲まれたグラウンドだったんです。しかも、ラグビー部とソフトボール部と共用で。しかも僕は甲子園に行きたかったんですけど、入学してみたら軟式野球部しかなくて（苦笑）。そういう意味でも、高校時代はある種、鬱積してたというか」

もっぱら聴くのはニッポン放送中心。一番ハマったのは『電気グルーヴのオールナイトニッポン』だった。

「一番好きだったのは電気グルーヴですね。途中から聴き始めたんですけど、この番組が一番面白いなと思って。二部時代はそんなに聴けてなかったけど、一部になってからは毎週聴いてました。カルチャーショックでしたよ。僕らの世代だったら、ハマってた人が多いでしょうね。僕は電気グルーヴの番組をキッカケに作家になったわけじゃないですけど、影響は一番受けてると思います。三年になって部活を引退してからは、録音したテープを毎週何度も聴いてましたし、伊集院さんの『Ｏｈ！デカナイト』も聴いてました」

そんな生活の中、高校卒業後の進路を漠然と考え始める。一人っ子で昔から自立心が強かったからか、最初から大学に進学する気はなかった。

「そもそも中学を卒業する段階で、本当は高校すら行きたくなかったんですよ（笑）。早く自分で稼いで食っていきたいなと思ってて。最初は警察官になろうと考えてたんですけど、高卒じゃないとなれないってのもあって、しょうがないから高校に入ったんです。野球がやりたいというのもあったんで。大学に行かなくていいやと思った理由の一つが、うちの高校って校則がなかったんです。ちゃんとした進学校で、学年全員が浪人してでも大学に行くような学校だったんですけど、制服もなくて、ある種、大学みたいだったんですよ。先輩から「この授業を何回サボると単位が取れなくなるから気を付けろ」みたいな話を聞いて、自分でマネジメントしながら授業をガンガンサボってて（笑）。だから、ある意味、考え方が大人びてて、同じような生活をさらに四年してもしょうがねえなと思ってたんです。まあ、ひねくれてたんでしょうね。みんなと同じことはしたくない、みたいな。若気の至りですよ。今は、大学に行っとけばよかったなって思いますし」

実は筆者も同じように大学生活に夢を持てなくなり、周りの進学する流れからドロップアウトした経験がある。これもラジオ好きにありがちなこと……と言ったら、少々乱暴だろうか。「大学はバカが行くところ」、「大学に通わないと就職できないヤツが行くところ」。そんな風に考えていた当時の石川は、ラジオを仕事にすることを思い立つ。

「凄くうぬぼれた言い方をすると、ラジオは「自分が入れそうな気がする、一番楽しそうなところ」だったんじゃないですかね。僕ごときでも入れる楽しそうなところ。高校生の頃って、野球やって、部室で麻雀やるぐらいしか楽しいことがなくて。クラスで授業を受けてても、「こいつら、一人も面白れえヤツいねえなあ」と思いながら生きてたから、クラスには友達いなくて、一〇分の休み時間さえ野球部の部室に行ってるような生活でしたから。逆に言うと、野球部のヤツらといると面白かったから、「俺らはクラスのヤツらよりも絶対面白いことに関しては才能がある」といううぬぼれがあったと思いますよ（笑）」

ならば、どうやってラジオの仕事に就くのか。そこで、石川は番組にハガキを送ることを思いついた。

「僕がハガキを書き始めた動機も不純で。ラジオの仕事って喋ってる人以外、最初はどんな仕事があるのかわかんなかったんですよ。で、どうしたらラジオの仕事に就けるか考えた時に、とにかく自分に才能があることを売り込めばいいんだと思って、それでハガキを書き始めて。だから、僕はペンネームじゃなく、将来、ラジオ業界に入った時のことも考えて本名でハガキを出してたんですよ」

石川は「うぬぼれ」や「不純」という言い方をしていたが、逆に言えば、それだけ純粋で真っ直ぐだったのかもしれない。

その時、ハガキを送ったのは『ウッチャンナンチャンのオールナイトニッポン』だった。ウンナンのことが好きで、当時放送していたテレビ番組もチェックしていた。思い入れもあるし、二人に自分の書いたネタを読んでもらいたいという欲求もあった。とはいえ、「当時お笑いで一番面白いと思っていたのはウンナンではなくダウンタウン」で、「ラジオ番組として面白いと思ってたのは電気グルーヴ」と考えていた石川が、この番組に投稿し続けた最大の理由は、「ウンナンのオールナイトなら、ハガキが読まれる自信があるからアピールになると思ってた」からだった。

石川が最も力を入れていたのは、人気コーナーの「タコイカじゃんけん」。内村がイカチーム、南原がタコチームに分かれ、ネタハガキを七番勝負でぶつけ合う。最終的に三対三になるのがお約束で、その時その時の番組の流行りや出来事が色濃く反映されるコーナーだった。「何ていうんですかね、結構戦略的にハガキを書いていたところがありました。七通ずつ読むんで、最初のほうは軽いネタなんですよ。だから、「そんなに面白くないけど、短い文章でキチっと時事ネタ入ってるから、これは読まれる」とか考えて。なんせ僕は才能をアピールしたかったんで（笑）。七通目の大ネタはもちろん、どんなものでも書けるっていうところを見せたかったから、枚数を稼ぎたかったんですよ。だから、他のハガキ職人とは考え方がちょっと違うんですよね。単純に楽しいから参加したいっていうんじゃなかったし」

　高校在学中にハガキ職人としてそれなりに採用されるようになった石川だったが、自分なりに「まだ才能が認められるほどじゃない」と考え、放送関係の専門学校に進むことになった。

「認められるようになるまで、もうちょっとだけ時間がほしいなと思ったんですけど、大学に四年間行くのはバカらしいなと。それで、とりあえず放送関係の専門学校を見つけて、親に「申し訳ないけど、もう二年だけ時間をくれ」って言ったんですよ。ただ、当時の放送関係の専門学校ってムチャクチャで、とにかく金だけ持っていかれるんですよね。入学当日に、ロビーに貼ってあった求人情報を見たら、「ホテル浦島の受付」って書いてあって（笑）。「ここに行っても放送関係に就職できねえわ。ヤベえな」と思いながら通ってたんです」

　通い始めて一年経った春、石川の母が朝日新聞の夕刊に載っていたある記事を見つける。それは『ウッチャンナンチャンのオールナイトニッポン』を担当していた構成作家・藤井青銅が放送作家講座を開講するという告知だった。

「うちのお袋が「これってあんたがハガキを出してる番組の人じゃないの？」って教えてくれたんです。「どうせ就職できなそうなんだったら、これに行ってみれば？」みたいな話になって。まあ、一〇万円ぐらいボッタクられるんですけど（笑）。それで、てっきり親が授業料を出してくれるのかなと思ったら、お袋は「それはアンタが出しなさい」と。しょうがなく、自腹でバイト代をブッ込んで行きましたよ」

　すでに藤井とは番組のイベントで何度か会っていて、顔見知りになっていた。

「それで三カ月ぐらい通ったのかなあ。春から夏ぐらいまで。受講者は二〇人ぐらいはいたのかな？　どういうインチキであんなに人を集められたのかわかんないんですけど（笑）。でも、学生は僕ぐらいしかいなかった気がします。その後、夏から上級者コースもできることになって、こっちも就職口はないし、通ってたら何とかなるのかなという心理で、そっちにも通いました」

通ううちに藤井とも親しく話すようになり、思い切って「就職に困ってるんですよ」と相談すると、「作家にしてやろうか？」と持ちかけられる。こうして石川はラジオに仕事としてかかわるようになった。まだ一九歳だった。

自分の才能を伝えようとハガキを書いてきたことが功を奏し、資質を見出された……というわけではないらしい。

「たぶん、とにかくコキ使えるヤツを探してたんだと思うんですよ（笑）。当時、まだ一九歳だったんで、「コイツだったら、とりあえず元気はいいし、コキ使えそうだから、まあ、いいか」ぐらいのことでしかなかったと思うんです。青銅さんから最初に聞かれて覚えてるのは「お前、実家か？」。「浦和の実家に住んでます」って答えたんですけど、なんでかなと思ったら、実家に住んでれば、とりあえず衣食住は、ほぼほぼ保証されてるから安心だと。そこで僕が、もし「一人暮らしです」って言ってたら、たぶんやらせてもらえなかったと思うんですよね。だから、才能云々じゃなくて、青銅さんからしたら「体よく奴隷みたいなヤツが捕まえられたな」ぐらいのことだったと思いますよ（笑）」

パーソナリティがブレイクする瞬間

藤井の下に付いて様々な現場をまわるという形ではなく、藤井も担当するニッポン放送の番組付きのスタッフとなった。ナイターオフ期間に月曜日〜金曜日の午後七時〜九時に放送された『上柳昌彦《うえやなぎまさひこ》の花の係長　ヨッ！お疲れさん』である。

「厳密に言うと、当時チーフディレクターだった菅沼（尚宏）さんが若いヤツを探してて、それを聞いた青銅さんが「石川、作家にしてやろうか？」って話したんだと思うんですよね。その番組は青銅さんが確か二曜日で柱の作家（メイン作家）をやってて。それで、青銅さんがやってる日以外も、僕が見習い作家（サブ作家）として付くって形だったんです。だから、正確に言うと、師弟関係と呼べるほど絆は深くないんですよね（苦笑）」

当然、先輩が手取り足取り優しく教えてくれるような文化はない。石川は自分で少しずつ作家という仕事を学んでいく。

「俺でもラジオの仕事ができるだろうと思ってたのは超うぬぼれで、ニッポン放送に出入りするようになった頃は作家がどんな仕事をするのかもイマイチわかってなかったんですよ。まあ、アイディアとかを出す仕事なんだろうなあ、ぐらいにしか思ってなくて。でも、先輩が何もかも親切に教えてくれるものじゃないなって自分でも薄々感じてたから、ゴミ箱から人の台本をコッソリ拾って読んだり……。それは当たり前のようにやってましたね。青銅さんからは、調子に乗ってた時に一回怒られたことがあるぐらいで、あとは取り立てて特別何かを教えてもらった記憶はないです」

付いたのはあくまでもナイターオフの番組。必ず翌年の春には終わる。その期限がわかっているだけに、石川にも危機感があった。

「その番組の中にラジオドラマのコーナーが毎日あったんですけど、各曜日の柱の作家が一本ずつ台本を書いてたんです。毎回、会議でテーマを決めてて。「俺、ラジオドラマとか全然興味ねえし、将来、自分が書くことになったら大丈夫かなあ……」って不安になったのを覚えてますね。でも、とりあえずいろんな作家……四、五人はいましたけど、その台本を全部盗み見してたから、なんとなく体には入ってたというか。ある時、別に仕事として振られたわけじゃないけど、とりあえず自分でも書いてみようと思って。それを確か青銅さんに見せたのかな？そうしたら、「まあまあだけど、ここは直したら」って言われて、何度か直したら番組で採用されたんです。そうやってくうちに「石川も書けるじゃん」って話になって、時々振ってもらえるようになりましたね」

番組が終了する春を迎えると、藤井が再び仕事を紹介してくれた。今度はFM局。しかも、サブ作家ではなく、メイン作家としての話だった。

「ラジオドラマの台本は書いてたけど、番組全体の台本はまだ書いたことがない段階で、青銅さんがいきなりFMの番組で柱の作家をやれって振ってきたんですよ。「たぶんお前はできるから」って言ってくれて（笑）。「たぶん」って何だ……って思いつつも、いきなり入れられてヤベえなあとは感じてました。ましてや、青銅さんはその番組に付いてないんです。僕が入る前から続いていた番組なんで、それなりにひな形の台本はありましたから、それを「ここは違うなあ」って自分で直したりしてましたね」

当時、ニッポン放送は聴取率調査においても首位を独走していた。それだけに「ＬＦの作家ならばどこに行っても通用する」と言われていた時代だった。わずか半年間とはいえ、そんな放送局のワイド番組を連日担当していた経験が活きた。ＬＦの作家というハッタリも効いた。

「あとは同時進行で、年の近い兄貴分の作家が四月から始まるテリー伊藤さんの番組（『天才テリーの芸能ダマスカス』）を一緒にやらないかって誘ってくれたんです。その番組のディレクターにＬＦのワイド番組の書き方を叩き込まれましたね。ここは違う、ここは直したほうがいいって。兄貴分の作家の台本を盗み見しながら、この時期にガンガン仕込まれました」

当時、ニッポン放送の若手作家には鈴木おさむがいて、石川はさらにその下のポジションだったが、最初の半年間で何とか自分の居場所を作り上げた。

「一九の若者が半年後に絶対仕事がなくなるというプレッシャーの中で仕事をしてたというのは今、客観的に見ると凄えなと思いますね。追い込まれながらやってたんでしょうね。でも、今だから言いますけど、僕は一〇代とか、二〇歳そこそこでこの世界に入れないと、才能ないと思ってましたから。それぐらい厳しい世界だと思ってたんで、覚悟はしてました。だから、正直言うと、自分が一〇代でこの世界に入ったことは凄いことだとか思ってなかったです。それが、この世界で生きていくには当たり前だと」

その後の石川の活躍は細かく説明する必要はないだろう。『西川貴教のオールナイトニッポン』、『ゆずのオールナイトニッポン』、『福山雅治のオールナイトニッポンサタデースペシャル・魂のラジオ』、『くりぃむしちゅーのオールナイトニッポン』など九〇年代末期から二〇〇〇年代において、大きな人気を博した番組を多数担当。『知ってる？24時。』や『ますおかちゃんねる』など深夜〇時台の番組も手掛けた。

「ここまでやってこれたのは、もちろん運が大きくて。あと、一番はまわりの人が過大評価してくれたからじゃないですか（笑）。やった番組が次々に当たったから。別に西川が売れたのは僕の力じゃないんです。でも、西川がブレイクしていくタイミングで、一緒に面白そうなことをやってたら、番組の数字も上がってきたという事実はある。けど、これって、番組が面白かったから数字が付いてきたのか、単純に西川の人気が出てきたおかげなのか、判断つきかねる部分があるじゃないですか。その両方が要因だったらベストなんですけど。僕の場合、運よくたまたま次々にパーソナリティがブレイクしてくれただけなのに、「石川が作家をやると数字が取れる」って過大評価してくれて、「石川は凄い作家だ」みたいなことを言ってくれる人がいるから、その幻影でメシを食ってるみたいな（笑）」

そうやって過大評価される過程に構成作家としての面白さがあるという。

「構成作家の面白さですか？　大局的なことで言うと、一緒にやっているパーソナリティがブレイクする瞬間に立ち会えることじゃないですかね。西川が売れる前から番組を始めて、ブレイクしていくところをずっと見てましたし、ゆずもしかり、みたいなところで。他で言うと、鈴木亜美ちゃんも番組始めた頃すでに売れ始めてましたけど、もっと世の中でブームになっていく時に一緒に番組をやってたりとか、くりぃむしちゅーの上田（晋也）さんがうんちく王でブレイクしていく過程を側で見れたりとか、コンビとしてもひな壇から司会になっていくのを見れたりとか……。そういう時期に、週一回会って、ラジオという場所で一緒にいられるのは楽しいことですね。番組を聴く人も増えていくのが実感できますし」

そうやってパーソナリティがブレイクしていく過程を併走できるのがリスナー側の楽しさでもあり、オールナイトニッポンが長年紡いできた魅力でもある。西川貴教の番組枠が変わっていく過程ではこんなことがあった。

「『西川貴教のオールナイトニッポン』が一部に昇格した時、金曜だったんですよ。つまり、ウッチャンナンチャンの枠を自分がやっていると。それが凄く誇らしかったんです。ただ、「オールナイトニッポンSUPER!」が始まると、火曜の一〇時台に移動することになって。最初は関東ローカルだったし、「正直、行きたくないんだよね」みたいな話をしてたら、西川は「一緒に行って、革命起こすんだよ」って言ってくれて。「T.M.Revolutionが革命起こそうって言うんだったら、一緒に行くよ」ってなったんです。そうしたら、関東ローカルから徐々にネット局が増えていって、それは凄くやってて楽しかったです。俺たちが今、全国のラジオの電波の制空権を握ってるんだなっていう。一緒に来て良かったなって思いは凄くあったし、番組自体も一番乗ってた時期だから、やることなすこと全部楽しかったですね」

そんな多くの人気番組を担当してきたことを、自分ではどのように受け止めているのだろう？

「自分では凄く運がいいなって思ってて。ニッポン放送に出入りしてて、僕より才能がある作家っていっぱいいたと思うんですよ。でも、これだけオールナイトを当ててる人間って、僕の世代では僕しかいないと思うんです。それで言うと、やっぱり運が良かったなって感じるし、一部の人に面白いと評価されるだけじゃなくて、長く続いていかなきゃ意味ないと思うんですよね、番組って。だから、パーソナリティのブレイクって要素も不可欠で、その点、自分でも引きが強いなあって思います。これらの番組がなかったら、今の自分はないですから。所詮僕は大したことない人間ですからね」

もちろん構成作家としての能力がなければ、ここまで評価されていなかっただろう。しかし、能力の有無以前に、バッターボックスに立つ回数を稼ぐことがものを言う世界でもある。

「作家の世界では「あの番組をやってるんだって？　じゃあ、こっちも」みたいなことはよくありますけど、当たってる番組をやってないと声がかからないんですよ。これはどの世界でもそうかもしれません。甲子園に出てるか、出てないかみたいな。だから、凄くイヤらしい言い方をすると、僕は何の職種でもいいんで、売れる人、売れたいと思ってる人と番組をやりたいんです。下北沢のライブハウスで、「この先も細々と一〇年音楽を続けていきたいです」みたいなアーティストとは仕事したくないんです。やっぱり「売れて武道館やりてぇ！　東京ドームやりてぇ！」ってガツガツしている人とやらないと意味ないかなって。極論、その人がラジオは嫌いでもいいし、ラジオは聴いたことなくてもいいと思うんですよ」

オールナイトニッポンの作り方

石川の番組で特徴的なのは、常にリスナーを巻きこんでいく作り方だ。これは前述の藤井青銅にも共通する考え方である。『くりぃむしちゅーのオールナイトニッポン』では、ジングルの一部をリスナーが担当し、二人を呼び捨てでイジりまくっていた。あるリスナーが付けた下ネタのラジオネームの可否を総選挙で決めたこともある。フリートークで盛り上がった話題が翌週にコーナー化されるパターンも多く、ある回では高校時代のラグビー部での思い出話に花が咲き、リスナーから大反響が起こると、翌週のスペシャルウィークはゲストなしで、二時間二人の部活トークオンリーになったこともあった。また、全体の雰囲気も絶妙にコントロールされていて、下ネタと言っても、小中学生レベル止まりで不快感はなく、通称「ウンコチンコ番組」と言われるぐらいに収まっていたのも興味深い。それらは全く計算されてなかったらしいが、リスナー心をくすぐる企画が石川の番組では多い。

「そういうのは意識してやっているというよりも、染みついてることだと思います。僕が聴いて育ったニッポン放送ってそういう作りだったんで。僕はそれが普通だと思ってやってきましたから。それがLFの作り方、オールナイトの作り方なんです。僕は王道の作り方をしてるだけですよ。今、僕は他のオールナイトニッポンを聴いてませんけど、もし今の番組がそうなってないなら、LFの作り方ができてないってことなんじゃないですかね。リスナーを巻きこんで熱狂を生まないとダメだと思うんです。でも、もはや、それも古い考えなのかもしれませんけどね」

　各番組によって石川のスタンスが違うのも面白い部分。『西川貴教のオールナイトニッポン』では時には石川自身も会話に参加するが、『くりぃむしちゅーのオールナイトニッポン』では笑い声こそ入るものの、他の部分では存在感を消しており、番組内でも「作家の石川はイジるな」とよくネタにされていた。現在放送中の『乃木坂46・新内《しんうち》眞衣《まい》のオールナイトニッポン0』でもまったく言葉を発さない。

「番組ごとに理由があるんですよね。存在が邪魔になるので、まず女の子の番組では絶対に声を出しません。西川の番組では最初声を出してなかったと思うんですけど、「面白いこと言ってんのに、これマニアックすぎてわかんない人が多いんだろうなあ」って時に、「これは面白いんだよ」って知らせるために笑うようにしたんです。だから、ある意味ビジネスで笑い声を入れてて（笑）。一人喋りって難しいと思うんですよ。だから、リズムを作るために笑い声を入れたり、ボケてもツッコむ人がいないから声を出しちゃうか、と」

パーソナリティが複数の場合でも、同じように〝説明する笑い〟を入れる。

「有田（哲平）さんのボケはシュールなことも多いから、わかりにくいと思った場合は「ここはボケてるんだよ」って意味で笑い声を入れる時もあります。今、担当してる『大倉くんと高橋くん』だと、大倉（忠義）くんって面白いことを独特の間で言うから、意外とそれを聴き逃しがちで、それを拾って笑いを入れたり。大倉くんはふざけて言ってるけど、これは音声だけ聴いてたら本気で言っているように聞こえるかもしれないと思ったら、解説するために笑いを入れて、「大倉くんはふざけているんですよ」って伝えてるんです。もちろん楽しく番組をやってるんですけど、単純に面白いから笑ってるだけでもないんですよね」

笑い方にもメリハリを付けるため、自分にはなかった新内眞衣の「フフフ」という笑い方も取り入れてるそうだ。機械的に笑っていると、リスナーに見透かされてしまう。面白いから笑うという「本気」と、状況を説明するという「冷静さ」のバランスを保つことが構成作家には求められる。それは様々なシチュエーションでも当てはまる。

「番組をやる時に、まずはパーソナリティが男か女かは意識します。同性に好かれる魅力を出してあげるのが僕の基本的な方針です。例えば、西川やゆずだったら、当時は女性ファンのほうが多かったけど、いかにいいところを男に知ってもらうか。結局、アーティストなんて最後に支えるのは同性じゃないですか（笑）。最初はアイドル的な人気があっても、女性ファンは恋人ができたら離れるし、お金を使わなくなる。せっかくラジオをやってるんだし、一生付いてくる男のファンを付けてあげたほうがいいと思うから」

パーソナリティの人数も意識する。藤井青銅の章で「初期の深夜ラジオでは基本、パーソナリティは一人で、リスナーに語りかけることを求められた」というのは説明したが、九〇年代以降はだいぶ状況が異なり、構成作家の意識も変わっている。

「何人で喋るかによって、考え方を変えてます。僕はよく言う『ラジオはリスナーと向き合っている』っていうのは綺麗事だと思ってて、喋り手が二人になった時点で、もうそれは理論として成立してないんですよ。僕はもうハッキリと発想の転換をしてて、そうなった以上、リスナーにスタジオで起きてるショーを聴かせるつもりでいます。リスナーと向き合うんじゃなく、ショーになってないといけない。それは笑い声も含めて。でも、西川の番組は一・五人みたいな感じかもしれませんね。リスナーとの付き合いも長いですし、二人がいる空気感というか、『たぶん石川って人がいるんだろうな』というところまでが番組なのかなと」

では、深夜ラジオでいくつも人気番組を担当してきた石川が、構成作家を務める上で、特に気を付けていることは何なのだろう？　ここでも作家らしい冷静な視点が見え隠れする。「ラジオに限らず、ニコニコ生放送でもロジックは同じです」という石川は、一番ニュアンスが近い仕事として、まったく別のジャンルの「料理人」を挙げた。

「ラジオで言ったらパーソナリティ、ニコ生で言ったらメインの演者ですけど、その人たちがどういう素材で、それを美味しく提供するにはどうするか。あるいはその素材が持ってるものを一番活かすにはどうするか。そのために、どういう調理をすればいいのかを考えるのが構成作家とか番組スタッフだと思ってて。鮮度がいいから、あまり手を加えずに刺身で出したほうがいいとか、正直そんなに鮮度はよくないけど、こっちで作ったソースをかけたら凄く美味しくなるとか。番組で言えば、企画に乗せちゃえば良さが出る、みたいに判断することとかなって。煮るのか？　焼くのか？　刺身で出すのか？　手を加えるのか？　手を加えるほうがスタッフのテクニックは見せつけられるかもしれないけど、そのせいで素材の味を殺しちゃうんだったらしないほうがいいとか、そういうことですよね」

手書きがスキマを生み出す

また、ワープロやパソコンが一般化する過程を経てきたのに、未だに手書きの台本を使用することがあるのも石川の特徴だ。年配の作家ならばいざ知らず、石川の世代では相当珍しいタイプである。

「放送の数時間前までにスタッフの手元に台本があればいいような時は手書きでバーッと書いちゃいますけど、ニコ生みたいに締切が放送前日で、たくさんのスタッフで共有するような時や、イベントの台本はパソコンで打ちます。でも、手書きでもやってるのは僕ぐらいじゃないですかね？　そっちのほうが早いんですけどね。あとは、僕の台本ってたぶん手書きのほうが読みやすいんですよ」

　読みやすいと石川が感じる理由は「字が綺麗」なんていう単純な話ではなく、もっと感覚的なこと。そして、それこそが石川が考える台本の肝となる。

「なんて言ったらいいんですかね、牧場の柵を作っているみたいな台本なんです。で、この柵の中では遊んでいいよと。でも、ここからは一回説明に戻るよ、みたいな台本で。僕は台本って隙間が大事だと考えてて、なるべく隙間を作るんですよ。隙間の部分は自分の言葉で自由に遊んでくれ、と。そのあと段取りに戻らなきゃいけないところは、見えやすいように大きい文字にしたりするんですよね。だから、「絵」に近いんですよ。「読む」というより、視覚的に捉えてもらいたいから、手書きのほうがより伝えやすくて。でも、Ｗｏｒｄで打ったりするとその隙間をうまく作れなくて、ニュアンスを出しにくいんです。だから、僕の台本は手書きのほうが読みやすいと思いますね」

　さらに、手書きという手間がかかるため、文字数にも影響が出てくる。キーボードで打ち込むと、どうしても文章表現が過剰になってしまうというのだ。

「僕は、自分でも文章を書くのが好きなんだと思うんですけど、Ｗｏｒｄで打つと、書き直しが簡単にできちゃうぶん、好きだからこそ言葉を詰め込みすぎる傾向があるんですよね。でも、手書きだと書くこと自体が面倒だから、大雑把になるんですよ。そのほうが隙間ができてラジオの台本としてはいいと思うんですよね。自分でもＷｏｒｄだと言葉数が多いってわかってるんですけど、より完璧に書きたくなるんですよ。でも、実際に字を書くのって体力を使うから、適度に雑なんです（笑）。雑なんだけど、ラジオとしてはそのほうが隙間ができていい。Ｗｏ rdだと、ミスしてもすぐ直せるから、ついつい頭でっかちの文章になるけど、手書きだと雑なぶん、文章に勢いが出るんですよ」

「ツッコミ道場！たとえてガッテン！」の元ネタとは

石川にとって台本は時代の変化と無縁だったが、番組作りについてはどうだろう。石川がラジオに携わるようになってから、携帯電話やインターネットが一般的になった。メール投稿が当たり前になり、有料のハガキで募っていた時代と比べると、投稿数は圧倒的に増えた。今は動画配信、Twitterでのつぶやきを促すハッシュタグの告知なども一般化している。

「リアルタイムの要素が増えていきましたよね。昔もFAXはあったんですけど、メールができて、より送りやすくなったというか、参加しやすくなりましたから。当時、『ナインティナインのオールナイトニッポン』を担当していた神田（比呂志ディレクター）さんが新しい物好きで、そういうことを取り入れるのがうまくて、やり方を参考にしてました。投稿数は増えましたけど、正直言うと、手軽に送れるようになったぶん、「もっとちゃんとネタを練ってから送れよ！」っていうレベルのものも増えましたね。でも、それにも目を通さなきゃ実のあるものが拾えない。ただ、作業で言うと、逆にハガキよりもメールのほうが文章を直しやすいというのはあります。ハガキの場合、修正液や消しゴムを使って直してたのが、メールならパソコンの画面で直せますから、それはラクだなと」

規制なども厳しくなってきたが、石川は「作家はジャッジする立場じゃなくて、とにかく思いついたことをバンバン言うのが仕事だと思うんです。作家まで規制をかけたら何もできないから。それに対するジャッジはディレクターがしてくれ、と思ってます」と特に意識はしてないという。若者向けから始まった深夜ラジオリスナーの年齢層が変化していくことも意識せずに番組作りに集中してきた。

「今、年齢層のことは、オールナイトニッポンを作る時は気にしてないかなあ。「この人のことが好きだ」と思ってもらえるんだったら、別に年齢層は考えなくていいと思ってるんです。ラジオは正直、ギャラも安いし、パーソナリティをやるメリットは何かと言ったら……今の仕事でたとえるなら、新内さんのことを知らなかった人がたまたまラジオをつけて、「この子いいじゃん」って感じてもらうところだと思うんですよ。一〇代の子が「新内さんっていいですね」って言ってくれてもいいし、たまたま早起きした六〇代の人が思ってくれてもそれはそれでいいし。正直、深夜三時～五時なんて、一〇代だけにしぼっても数字が取れないですから、早起きした人にも聴いてもらったほうがいいじゃないですか。新内さんは人としてアクが強くないぶん、おばあちゃん、おじいちゃんにも好かれると思うんですよ。そこが武器だと思うので、一〇代にだけ特化する必要は別にないかなって」

では、数十年の歴史を重ねてきた深夜ラジオにおいて、過去の企画をパクってしまう恐怖はないのだろうか？　ネット社会であれば、すぐにそれがバレてしまう。これも九〇年代以降に生まれた現象で、ウィキペディアを見たり、違法アップロードされた音声を聴いたりすれば、すぐに見つかってしまう。

「いや、僕は堂々とパクってますよ（笑）。ラジオって、五感のうちの聴覚しか使えないじゃないですか。演出する方法なんて限られてるんですよ。言ってしまえば、そんなに目新しいことなんてない（笑）。だから、堂々とパクります。ネタのエッセンスが新しいとか、感覚が新しいとかはあると思うんですけど、総合的な演出で新しいことってそんなにないと思います。パクろうという意識がなくても似ちゃってることだって、当然あるんですよ。そんな意見なんて気にしててもしょうがないし、それで聴きたくないなら、聴かなきゃいいじゃんっていう。パクってても、お前が聴いて楽しければそれでいいじゃんって。ゴタゴタ理屈言うなって話なんですよ。楽しいか楽しくないかなんだから（笑）」

そもそもパクったからつまらないという考え自体が「おかしい」という。

「僕は「あのお店は化学調味料を使ってるから美味しくない」って理論はおかしいと思ってるんですけど、パクってるからつまらないという理論もそれと同じで。別に化学調味料を使ってても、自分が美味しいと思うんだったら、それでいいじゃんって話なんですよ。化学調味料を使ってるから美味しくないっていうのは、美味しさを自分の基準でジャッジしてないじゃんと。逆に、「化学調味料を使ってないから美味しい」も理屈がおかしいと思うんです」

実際に『くりぃむしちゅーのオールナイトニッポン』において、初回から最終回までずっと続いた人気コーナー「ツッコミ道場！たとえてガッテン！」は、明らかに『ウッチャンナンチャンのオールナイトニッポン』の「タコイカじゃんけん」を模倣している。奇しくも、番組最終回でも次のお題を発表し、特番で復活した際にそれが実現したことまで同じだった。

好きなラジオを仕事にする覚悟

変化という部分でいうと、ラジオ界の苦境には触れないわけにはいかない。コラムで説明した通り、ラジオ界の広告費はバブル崩壊と同時に成長を止め、二〇〇〇年代以降は右肩下がりが続いた。全体の聴取率もジワリジワリと下落。番組スタイルの流行り廃り、ラジオに求められるものの変化、若いリスナーの減少など、その理由を挙げたらキリが無いが、年々苦しい状況に追い込まれている。

石川も「楽しい」だけではいられなくなった。「自分が入れそうな気がする、一番楽しそうなところ」だと思ってラジオ界を志望した彼にとって、それは何よりもつらいことだったに違いない。

「たぶん出版もそうだと思うんですけど、楽しくなくなったことってありませんか？　二〇〇〇年ぐらいから、この業界ってある種、殺伐としてきたんですよ。人間関係でもギクシャクしますし。昔は全体でファミリーだと思ってたけど、やっぱりいきなりクビを切られた仲間もいるわけで、よりシビアに捉えるようになりますよね。ここは楽しい放送サークルじゃなくて、仕事で来てるんだ、みたいな」

石川の言う通り、これはラジオだけでなく、テレビ、雑誌、新聞などの各メディアで起きている現象だ。かつて四大メディアと呼ばれていたのがウソのように、今はもがき苦しんでいて、一部が一時的に潤うことはあっても、全体がかつての盛況を取り戻すことはもはやない。石川もそんな状況をヒシヒシと感じている。

「僕は今、ラジオの作家やっててもメシが食えるから、この仕事をやってるだけという心境なんですよね（苦笑）。正直言うと、ラジオ界に入って五年ぐらいで気づいちゃったんですけど、僕が一番好きな仕事ってラジオじゃなくてイベントなんですよ。ある時、「あれ？　なんかこの仕事のほうが好きだな」って気づいて。人が喜んでたり、楽しんでる顔が生で見られる仕事はいいなって思ったから、イベントを構成したり、演出するのが一番好きなんです。でもどうやら最初はラジオに対して意固地だったみたいで、テリー伊藤さんにテレビに誘われたんですけど、「俺はラジオをやりたいんで」って断ったらしいんです。人から言われて思い出したんですけど。今はあの時それに乗っとけばよかったと思ってて（笑）」

構成作家は一つの放送局を中心に仕事を続けることも多いが、当然、放送局の社員ではない。専属契約を結んでいるわけでもなく、あくまでもフリーだ。シビアな立場にある。

「危機感は常にありますよね。今やっているレギュラーが三カ月後に全部終わるかも……みたいな。僕は若い頃、ニッポン放送以外の仕事をあまりやったことがないまま育ったんですよ。でも、三五歳前後の時、レギュラーが一本だけになって、ヤバいなと思ってたら、その時にたまたまLF辞めた知り合いからニコ生の仕事を振ってもらって、久々に外の空気を吸ったんですね。でも、他の現場でもLFで身に付けたテクニックが通用したんで、やっぱりLFで育った人間って強いなと思ったんですけど、その時、こうやってLF以外の仕事も持って自分の中で保険をかけとかないとって思いました」

これは人ごとでなく、筆者自身も最近痛感していることだ。昔なら一つのジャンル、一つの会社にかかわるだけで一生仕事を続けられた。出版界で言うと、同じジャンルの本を同じ出版社で作り続けることができた。今はそうもいかない。会社どころか、ジャンル自体が死滅してしまう可能性もある。数年のスパンでしか先が見えていないというのが素直な心境で、それはメディアにかかわる人間すべてが感じていることなのではないだろうか。

「結局仕事って「生きる上で何に重きを置くか？」だと思うんです。好きなことを仕事にする必要性なんて実は全くなくて。例えば、サーフィンが好きだけど、プロになるほどうまくない。でも、好きだから続けたい。だから、サーフィンをするために関係ない仕事をする。「それでいいじゃん？」っていう。サーフィンでメシを食う必要はないんですよ」

好きなことを仕事にできたとしても、その後も人生は続き、生活していかなければならない。「好きなことを好きでい続ける」ために、「好きなことを仕事にしない」という選択肢も当然ある。

「仕事にすると、単純に好きには戻れないんですよ。プロなんで、一つ一つの現場ではベストを尽くしてはいるんです。ラジオやニコ生の仕事、イベントの現場。それぞれ思い入れなくビジネスライクでやってるかといったら、別にそんなつもりはないんですけど、昔と違うのはすべてのことを凄く客観的に見てるんですよね」

長年、深夜ラジオの最前線で番組を担当してきた石川が想い描くラジオ界の行く末はどんなものなのだろう？

「滅びるんじゃないですか？（苦笑）。いわゆる斜陽産業ですよ。ハッキリ言うと、ラジオがどうなっていくかなんて、いち構成作家の僕が考えてもどうにかなることじゃないし、ラジオの将来は放送局がしっかり考えろよって（笑）。僕自身が他の手段でちゃんとお金を稼げてればラジオがどうなっても知ったこっちゃないですよ。それがビジネスなんで。プロとして各番組に向き合ってはいますけど、ラジオ全体がどうなるのかを考えるべきなのは、ステーションの人間じゃないですか。僕は構成作家なんで、与えられた番組にベストを尽くすだけっていう。僕がラジオ全体に関して何かを考えたところで、意見を求められてないし、その意見がいくら正しくても言ったところで反映されないだろうし、わざわざ言う必要もないかなって。仕事って実際は楽しいことばかりじゃないですけど、それでも楽しいことができそうなら別に現場はラジオじゃなくてもいいです」

物凄く投げやりな言い方に聞こえるが、石川が「プロとして間違ってることを言ったつもりはないです。もう理想だけを追い求める年じゃないですし、現実として客観的に捉えてるんで」と話す通り、想像以上にラジオが置かれている現状は厳しい。だからこそ、ラジオ業界に入りたいという若者にはこんな言葉を贈っていた。

「ラジオ業界には入るなって言いたいです（苦笑）。必要以上に思い入れを持たないほうがいいと思いますね。そして、プロ意識を高く持つ。昔だったら「作家になったら楽しいよ」って言えたと思うんですけど。で、それにプラスして、やっぱり現場ごとにきちんと情熱を持ってやること。両立するのは難しいですけど、そこじゃないかなと思うんですよね」

「好きじゃなければやれない仕事」とよく言われるが、同時に「好きだけじゃやれない仕事」でもある。

「マスコミ業界ってどこもそうだと思うんですけど、今は夢を持って入ってきても、失望することのほうが多いじゃないですか。今の若者とは世代が違うからわかんないかもしれませんけど、僕らが学生の頃ってマスコミに凄い夢があったんですよ。今は純粋なまま入ってくると傷つきますよ。それならいつまでもリスナーのほうがいいんじゃないかなって。腹をくくって入ってくるならいいですけど、中途半端な状態では来てほしくないです。裏を見た上でも、「俺はラジオで頑張れる」っていうぐらい強い意識がないと」

ここまでの石川の発言を読んで、もしかすると冷淡に感じた人がいるかもしれない。でも、そんなシビアでシニカルな視点を持ちながらも、石川がかかわる番組は、今も変わらずオールナイトニッポンらしい心地良い雰囲気に包まれている。七年半ぶりに単発で復活し、何度も特番が放送された『くりぃむしちゅーのオールナイトニッポン』は相も変わらず「ウンコチンコ番組」でリスナーを喜ばせた。そんなおバカな内容の裏側には冷静な部分があるし、反対に言えば、冷静なラジオ観があるからこそ本気でバカ笑いができるのかもしれない。

最後にそんな石川が思う〝構成作家〟という仕事について語ってもらった。

「一言で言ったら〝インチキ〟ですよね（笑）。特にラジオに関しては。才能をアピールするためにハガキを送り始めましたけど、今は自分にそんな才能があるとは思ってませんし。あと、ラジオの構成作家なんて、パーソナリティの威を借るキツネじゃないですか、簡単に言えば（笑）。それって、インチキじゃないですか」

石川をラジオ界に導いた藤井青銅は「放送作家」という言い方にこだわりを見せていたが、石川は「構成作家」という言葉がシックリ来るという。ラジオ界の現状に対して厳しい言葉が続いたが、それでも「構成作家」という言葉を選ぶところに、ラジオへのこだわりが感じられた。

「僕は放送作家ってもっといろんなセンスがあったり、アイディアがあったりする作家だと思うんです。でも、僕の場合、今だと、新内さんから今週どんなことがあったかを聞いて、一緒に話の流れを組み立てるんですけど、今日の僕みたいに、雑誌の記者と会って、お茶を飲んでインタビューされたっていう他愛のない事実も、組み立て次第ではそれなりに面白く聞ける話にできるんですよ。それって必要とされるのが話を構成する能力だから、まさに構成作家かなって。僕は放送作家と呼ばれるよりも、構成作家のほうがいいですね。所詮人の威を借りて、話を組み立ててるだけなんで（笑）」

5　とあるリスナーの数奇な運命

伊福部崇に聞く

九〇年代以降の深夜ラジオを振り返る上で、伊集院光は欠くことのできない存在である。極端な話、伊集院光の番組には深夜ラジオの魅力がすべて詰まっていると言っていいかもしれない。

落語家の三遊亭落大が、先輩の作家に誘われ、ニッポン放送のオーディション番組『激突！あごはずしショー』に参加したのは八七年のことだった。ギャグオペラ歌手として出演。その時に初めて伊集院光と名乗った。一九歳の時である。体重は一二四・二キロ。ニッポン放送の周波数に合わせた。

その面白さにディレクターの安岡喜郎（現日本テレビ）と放送作家の藤井青銅が着目し、いくつかのレギュラーを経て、八八年一〇月に水曜日二部枠で『伊集院光のオールナイトニッポン』がスタートした。

無名の新人としての起用だったが、すぐに深夜ラジオリスナーから密かな人気を集めるようになった。そこで、スタッフから指導を受けて、ラジオパーソナリティとしての才能が開花する。番組から生まれた芳賀ゆいはあまりにも有名だ。伊集院とスタッフ、リスナーが生み出したこの架空のアイドルはCD、写真集、ビデオの発売、握手会、ライブ、ラジオ特番などを実現させた。オールナイトニッポンは曜日を変えながら二年間続く。また、同時期にCBCラジオで『CREATIVE COMPANY 冨田《とみた》和音《かずね》株式会社』にもレギュラー出演していた。

オールナイトニッポン終了後の九一年三月、大抜擢され、午後一〇時～深夜一時放送の帯番組『伊集院光のOh！デカナイト』が開始。二三歳の時だった。人気に火が点き、伊集院自身もブレイク。日本テレビの『うるとら7：00』やTBSの『素敵な気分De！』のMCなどテレビでも活躍するようになった。

だが、『Oh！デカナイト』が続くにつれ、初期スタッフが入れ代わったことで亀裂が発生し、上層部との軋轢も表面化。九五年四月で終了を迎える。この経緯については、有名な「偉い人を居酒屋で巴投げした」というエピソードなど、現在に至るまで伊集院が本音とも冗談ともわからぬような形でたびたび語っている。

その半年後、TBSラジオで『伊集院光　深夜の馬鹿力』がスタート。新しく立ち上がった深夜枠・UP'Sの月曜日担当となった。TBSラジオの永田《ながた》守《まもる》（当時は制作副本部長で上記した『素敵な気分De！』のプロデューサーだった。現映画プロデューサー）が、ピザ持参でニッポン放送に入り込み、その場で伊集院に声をかけたという逸話はよく知られている。一周年直後からダイエット企画が行われ、伊集院の体重は周波数に合わせて九五・四キロとなり、名実ともに

ＴＢＳラジオの人間となった。

今も続く『深夜の馬鹿力』の魅力を書き連ねるだけで一冊の本が完成してしまうだろう。あえてここで細かくは説明しない。開始から二〇年以上経った今も深夜ラジオを代表する番組であり続けている。二〇〇三年にはギャラクシー賞のＤＪパーソナリティ賞を受賞した。また、九八年から〇八年までは日曜午後のワイド番組『伊集院光　日曜大将軍』、『伊集院光　日曜日の秘密基地』も担当。一六年からは朝の帯番組『伊集院光とらじおと』のパーソナリティを務めており、今や深夜ラジオのみならず、ラジオ界を代表するパーソナリティとなった。他ジャンルも含めて、その影響を受けた喋り手、作り手はあまりにも多い。

『深夜の馬鹿力』を開始当初からずっと担当している構成作家は渡辺雅史《わたなべまさし》。番組内では「構成の渡辺くん」と呼ばれている彼も、もともとハガキ職人で、ニッポン放送時代に伊集院を出待ちし、それがキッカケで作家になった。番組内で晒してきた彼の経歴を振り返るだけでも、やはり一冊の本になりそうだが、それはまた別の機会に譲ろう。

他にも伊集院光という存在によって、ラジオと出会い、数奇な運命を経て、構成作家になった人間が無数にいる。ここからは、そんな二人の経歴を振り返りたい。

舞台は九〇年代末期〜二〇〇〇年代初期。『深夜の馬鹿力』が現在のようなゲストを呼ばずにスペシャルウィークでも通常放送を行うスタイルではなく、積極的に様々な仕掛けをしていた初期の話だ。

主人公は伊福部《いふくべ》崇《たかし》。伊集院光と電気グルーヴに魅了され、深夜ラジオにかかわることを志しながら、まったく違うアニメ・声優系のラジオで活躍している構成作家だ。

友だちと同じ言葉を放つ伊集院光

伊福部は一九七五年生まれ。北海道札幌市出身で、初めてラジオに触れたのは小学生の頃だった。

「小学生の頃、クラスで『うまいっしょクラブ』というアナウンサーの明石英一郎《あかしえいいちろう》さんがやっている番組が流行って。それが最初に聴いたラジオでしたね。結構クラスの子がみんな聴いてて。何の曲か覚えてないんですけど、〝ウパウパティンティン〜♪〟という歌詞の曲が番組の中で流れてたんです（笑）。それが面白いと話題になって、学級新聞のタイトルにしてました」

『うまいっしょクラブ』は札幌のＳＴＶラジオで毎日放送していた午後一〇時台の一五分番組。連日ネタコーナーを展開していた。パーソナリティの明石アナウンサーは当時二〇代後半で、今もなおＳＴＶで番組を担当している。ちなみに「ウパウパティンティン」とは『へんな女』（水原弘）という歌の一節である。

「中学時代には同じＳＴＶでやっていた『夜は金時』という番組を聴いてました。それも千《せん》秋幸雄《しゅうゆきお》さんっていうＳＴＶのアナウンサーさんがやられてたんですけど、今で言う『SCHOOL OF LOCK!』みたいな感じなんです。各中学校に行って、その校門の前で取材したりとか。僕はヘビーリスナーで、ハガキの投稿はしてなかったんですけど、電話投稿みたいなのをしてましたね」

当時は電話口でオペレーターにネタを伝える電話投稿というシステムがあった。そこで自分のネタが紹介されたことで、伊福部はラジオにハマり出す。夜のワイド番組『夜は金時』は『うまいっしょクラブ』よりも早い時間帯だったが、さらに遅い〇時開始の『アタックヤング』まで聴くようになった。

「まだTEAM NACS以前の時代なので、〝札幌のスター〟なんて感じの人はいなかったんですけど、『アタックヤング』のような地方局のアナウンサーがやっている、いわゆる土着的な番組が最初は好きで。でも、それを聴いていると、深夜一時から「オールナイトニッポン」が始まるんですよね」

オールナイトニッポンは札幌でもネットされていた。伊福部はすぐに深夜ラジオ漬けの毎日を送るようになる。ビートたけし、とんねるず、デーモン小暮といった錚々たるメンバーが並んでいた時期で、深夜三時開始の二部にまで手を出すようになった。

「オールナイトを聴くようになってからは、すぐに『ラジオパラダイス』(月刊のラジオ専門誌)を買うようになって。そこで他局のこともわかるようになりましたね。その頃には二部まで聴いてたんで、中学校の担任に「二部は聴くな」って言われるという(笑)。五時まで深夜ラジオを聴いて、八時に起きて学校に行ってたと思うと、どういう生活をしてたんだろうって」

行き過ぎたラジオリスナーの典型的な生活を送るようになったその頃、伊集院光という存在を知った。

「何人か友達にラジオ好きがいたから、「面白いよ」って言われて聴き始めました。オペラ歌手って言ってて、話している感じはオペラ歌手っぽくないんですけど、でも僕は信じてました。

この当時、世の中に溢れてたものって、中学生の僕らよりもちょっと上の世代のものだったんです。懐かしい＝ジュリー（沢田研二）とかで、その話も追いかけるから知っていくんですけど、それは「こういうのが年上の人たちには懐かしいんだ」って感覚なんです。でも、伊集院さんは年齢が一〇歳ぐらい上なんですけど、話を聞いてたら、出てくる単語が僕らと同じなんです。「あっ、クラスでは聞いたことがあるけど、メディアからその単語を聞くのは初めてだな」みたいな。自分たちが小学生の頃にハマったものを、面白い言葉としてメディアから聞くっていう感覚になったのは初めてで、クラスの〝おもしろ〟とメディアの〝おもしろ〟が繋がった感じがしたんです。凄い自分に近いなあって気がしました」

中学生の伊福部は、少数の友達とマニアックな会話をするのが好きな内気な少年だった。ラジオで喋る仕事がしたいと考えた時もあったという。

「小学生の頃はそこそこ明るい少年だったんですけど、中学生ぐらいからちょっと内にこもって。でも、まだ少数の友達がいたんです。周りとはちょっと違う……例えばラジオが好きだったり。僕はアマチュア無線の免許を当時持っていたんですけど、そういう理系なことが大好きだったりとか、ちょっと偏った趣味がある友達がいて。アニメとかではないんですけど、今で言うマニアックなオタク話をするのが好きだったんでしょうね。部活はやってなかったですけど、その友達が所属しているパソコン部に顔を出したりしてました」

石野卓球になりたい高校生

しかし、高校進学を迎えると、そんな友人たちは工業高校へと進み、普通科を選んだ伊福部とは離ればなれになってしまった。伊福部はより内にこもっていく。そして、反比例するかのように、ラジオにドンドンのめり込んでいった。

「周りに趣味を共有できる人たちがいなくなって、ラジオが好きな友達もいなくて、ドンドン孤立していった感じはありますね。完全に帰宅部だったんで。それでも中学時代の友達と時々遊んではいたんですけど、その子たちは工業高校だからわりと自由なんですが、僕は勉強もしなきゃいけない学校だったんで、あんまり遊びにいけなかったんです。親には勉強しろと言われるし。だから、とにかく夜中はラジオを聴くという生活になっていきましたね。それぐらいに『電気グルーヴのオールナイトニッポン』が始まって、投稿も始めました」

ペンネームは〝よろめき奥さん〟。『電気グルーヴのオールナイトニッポン』の、しかも二部時代限定だった。ハガキ職人というほど投稿数は多くなく、トータルで一五〜二〇通ぐらい。それでも五、六通は採用されたというから、打率はなかなかの高さだ。「『電気グルーヴのオールナイトニッポン』で人生が変わった」というラジオ関係者は本当に多いが、伊福部もその一人だった。ミュージシャンとは思えぬ言葉の応酬、そして刺激的な内容。番組の世界観は当時の伊福部の心をとらえた。

「電気は「ウッチャンナンチャンの内村はつまらない」なんて世界観だったんで、凄いなと思いました。そんなことをメディアで言う人はいなかったから。アーティストとお笑い芸人では、敵も違うし、言えることも違うからだと思うんですけど、不思議な世界でした。僕は高校で友達がほとんどいなくて。でも自分はラジオで採用されたりするから、その優越感と、クラスに友達がいない劣等感の狭間にいたんです。電気が言っていることって、「人を信用するな」とか、「周りなんてセンスのないヤツばっかりなんだ」みたいなことで。あと「やる気がない美学」みたいなところがあったんです。もう宗教ですよね」

番組の内容だけでなく、音楽という部分でも伊福部は大きな影響を受けた。石野卓球が紹介するCDを買い漁るようになる。

「これも洗脳なんです（笑）。それまで僕はTM NETWORKとかが好きだったんです。音楽のジャンルとしてはそこまで大きく離れていないんですけど、電子音なのによりパンキッシュなものを卓球さんから紹介されることによって、「この音楽、本当は好きなのかどうかわからないけど……もう好きだな。好きでいいや」ってなっていって（笑）。そこから本当にレコードやCDをメチャメチャ買いましたね。たぶん石野卓球になりたかったんですよ、僕は。この音楽のことを理解しているのかどうかわからなかったけど、とにかくCDを買うことで教祖様にお布施をしているような（笑）。バイトもしてたんで、多い時には月に二〇～三〇枚のCDを買ってました」

当然、常に金欠状態。ラジオ録音にかけられるお金はほとんどなかった。これは当時の貧乏深夜ラジオリスナーが直面していた共通する問題だった。ハガキ職人にいたってはハガキ代というネックもあり、さらにきつい。一部のハガキ職人は、紙をハガキの大きさに切り、それを封筒に詰め込んで送っていたそうだ。

録音ならば一二〇分のカセットテープを使うのが王道だが、値段は高いし、繰り返し重ね録りした場合、テープがすぐに伸びてしまう難点があった。無名の胡散臭いメーカーのテープに手を出す人もいたが、音質とコンディションが悪く、使用に耐えられなかった。そこで、当時のコアな深夜ラジオリスナーはビデオテープに録音するという荒技を編み出した。カセットテープとビデオテープの値段に差は無くなっていたし、一二〇分テープを三倍録画モードで使用すれば、六時間分も利用できる。ハイファイ対応のデッキであれば、音質もカセットより圧倒的に良かった。さらに、LとRの音声に別々の番組を同時録音する剛の者も誕生する。伊福部もそんなマニアたちと同様に、ビデオテープ録音、しかもLとRを分けて使用するところまで進んでいた。

ラジオを聴くという行為は、単純に面白いトークや音楽に触れるだけでなく、パーソナリティの考え方や興味を一つのカルチャーとして受け止めることになる。伊集院光や電気グルーヴからたくさんの影響を一身に浴びて、伊福部は学生時代を過ごし、少しずつ構成作家という職業を意識するようになっていった。

「最初は「番組で笑っているあの人は何なんだろう？　何の仕事なんだろう？」とは思っていましたけど、なりたいとまではいってなかったですね。でも、メディアの仕事はしたかったんですよ、きっと。例えば、東京や関西にいたら、「お笑い芸人になりたい」と考えるんだと思うんです。でも、札幌という土壌だと……。まだぎりぎり札幌吉本もできてない時代でしたから（伊福部が高校を卒業した九四年に札幌吉本の事務所が設立された）。実は、同じ中学校の一個下にタカアンドトシがいたんです。だから、もう少し下なら、お笑いという感覚があったかもしれないです。僕はテレビも好きだったし、ネタ番組も好きだったし、ダウンタウンも好きだったんですけど、電気に一番傾倒してたから、「お笑いじゃない方向で何か面白いことがやりたい」と考えたんだと思うんですよ。それで、高校を卒業する直前には「放送作家という仕事が面白そうだな」と思ってました」

自分ではほとんど意識していなかったが、振り返ってみると、中高時代に作家に繋がる経験をしていた。

「中学の時にオヤジが買ったワープロを借りて、修学旅行の決起集会の台本を書いたことがあります。企画・構成みたいなことをやって、MCもやりました。中学の頃はまだ変に積極的な部分もあったんですよね。『クイズ!!ひらめきパスワード』というロート製薬提供のクイズ番組をそのままやろうと思って。当時はOHP（光とレンズを使って、シートに書かれた文字や図形を拡大してスクリーンに投影するシステムで、学校の授業などで使用されていた）とかしかないじゃないですか。ロートの曲を流して、ロートのハトをトレースして、一枚二枚とめくるとハトが飛んでいく……なんてオープニングを作りました」

また、当時はワープロが流行りだした時代だったので、友達とふざけて、今で言う萌え小説を書き、同人誌のような冊子を作ったこともあった。

「高校生の頃、何となく授業中に『ガキの使い（やあらへんで!・）』のオープニングの企画を考えたりしてましたよ（笑）。今でも覚えているのは、「寝っ転がって、お尻のところに穴が開いているパンツをはいて、そこに物を置き、尻の感覚だけでそれが何かを当てるコーナー」ができるかなとか。そういう企画書の真似事を書いてました。周りに友達がいないのに一人で（笑）」

ポアロ誕生のキッカケ

構成作家になって深夜ラジオを作りたい。そう明確に考えるようになった伊福部の進学先は必然的に限定された。放送学科があるのは、日本大学芸術学部と大阪芸術大学芸術学部の二つ。勇んで受験したが、日芸は記念受験で終わってしまい、大阪芸大は試験日に風邪を引き、ものの見事に一年目の受験は失敗してしまった。

「で、浪人した時に赤本を見てたら、大阪芸大に推薦枠があると書いてあって、「えっ、なにこれ?」って(笑)。しかも自己推薦なので、学校の推薦もいらなくて、面接と論文だけで受験できちゃうんです。こんなのがあったんだと。もう放送学科は推薦枠がなかったら、とにかく別の学科に入ることにしました。それで、合格しちゃったから、半年ぐらい何もせずにほぼラジオを聴いているような受験生でしたね」

札幌の高校から大阪の大学へ。言わばお笑いの本場に足を踏み入れた伊福部だったが、そこに深夜ラジオに感じたような〝共感〟はなかった。

「同級生というか、同じガイダンスを受けただけの友達になるかならないかぐらいの人たちは、ぶっちゃけ関西人と言っても全然面白くなくて(苦笑)。「もう関西来たら、そんなんあかんで。ちゃんと関西弁おぼえなあかんで」なんて言われて、「そうなんですか?どういうことですか?」って聞くと、「じゃあ、教えたるわ。ちゃうちゃう……ちゃうちゃうちゃうんちゃう、ちゃうちゃうちゃうんちゃうとちゃう」って言い出したんですよ?「うわー、しょうもな

!!」と思って（笑）。そもそも受験の面接でも、同じようなことがあったんです。面接であれもこれも話したら絶対に印象に残らないから、一個キャラを作ったほうがいいと思って、〝お笑いをやりたい人キャラ〟にしたんです。そうしたら、一緒に受けた人が「お笑いやりたいの？　やっぱ関西はお笑いの本場やからなあ」みたいに言ってきたんですけど、もう全然面白くなくて、始めはヤベエところに来たなと思ってました」

だが、知人に誘われて参加したマスコミ研究会の新歓コンパで、笑いを共感できる相手が見つかる。それがのちに音楽ユニット・ポアロの相棒となる鷲崎健《わしざきたけし》だった。

「中高はずっと帰宅部だったんで、サークルとかは何も考えてなかったんですけど、マスコミ研究会だったら、興味ないこともないかなと思って。それで、誘われた飲み会に参加したら、実際は合コンで、王様ゲームをやってて（笑）。そこに先輩として鷲崎さんがいたんです。山手線で言うと、一番遠いところに座ってたんですね。渋谷と日暮里の位置にいて。他の人たちが〝三秒間見つめてキス〟みたいなお題を出していた時に、鷲崎さんは〝急に降ってきた雨。軒先に逃げ込んで、パッと横を見たら、半年前に別れた彼女。久しぶりに照れながら喋っていたら、恋心に火が点いて……キス〟みたいなお題を出してて、「なにこの人！」って（笑）。それを遠くからツッコんでたんですよね。「今、言ったじゃないですか！」、「逆ですよ、逆！」みたいなことを」

同級生たちとは違う笑いに、伊福部は「そうか、これだ。面白いってこういうことだ」と共感した。すぐに二人は意気投合。「将来、構成作家の仕事がやりたい」と話すと、鷲崎が当時所属していたインディーズのお笑い事務所「ザ・ニュース」を紹介される。この事務所にはのちに『THE MANZAI』の決勝に出場するエルシャラカーニも所属していた。

「事務所というほどではないんですけど、芸人さんと作家さんが所属しているチームで、そこでお笑いや作家としての勉強をするようになりました。それこそ、現エルシャラカーニのセイワ太一さんと現作家の八木たかおくんがやっていた〝かきあげ丼〟というお笑いコンビに「フェンシング」っていうコントを書いたことがあります」

先輩には『マジカル頭脳パワー‼』などテレビ番組にかかわっている放送作家もおり、その先輩に企画をプレゼンし、実際に番組で採用されたらギャラがもらえるというシステムもあった。そんな状況で一年間手伝いと修行を続けていると、「ザ・ニュース」が全体で東京に進出する話が持ち上がる。伊福部はあくまで大学は休学するという形を取って親を説得し、仲間たちとともに上京した。九六年春のことだった。もちろん数年後に大学は辞めてしまう。

東京での生活は厳しく、テレビのリサーチなどの仕事を担当してしのいでいたが、伊福部が目指していた目標は予想以上に早く現実になる。ツテを辿ってニッポン放送と繋がり、作家見習いとしてある番組にかかわることになったのだ。伊集院光や電気グルーヴが活躍したオールナイトニッポンに携わるまでもうすぐ……のはずだった。

ニッポン放送↓文化放送↓ＴＢＳラジオへ

伊福部が初めてかかわったラジオ番組は、ニッポン放送の『サクラ大戦 有楽町帝撃通信局』。三〇分の録音番組で、上京して半年後の九六年一〇月にスタートした。当時人気だったテレビゲーム『サクラ大戦』の舞台である〝太正時代〟にもしラジオがあったなら……という設定の番組で、ゲームに出演している声優がキャラクターの役名でレポーターとして登場し、リスナーや出演者はあくまで太正時代の住人になりきって番組は展開された。中核になるのはラジオドラマ。深夜ラジオのトーク中心の番組を聴いてきた伊福部にとっては未知のスタイルだった。

「ラジオっていろんなものがあると思うんですけど、僕が思っていたラジオはあくまでオールナイトニッポンだったので。原稿を読むだけのラジオって全然イメージになかったです。ディレクターもベテランで、台本を書いているのも大御所の作家さんだったので、原稿はまったく書かせてもらえないわけじゃないですか。作家として来ているけど、僕がやっていたことって別にネタ出しするわけでもなく、水を用意したりとか、牛丼を買いに行ったりとか（笑）。そんなことしかなかったんです。自分の言語やセンスで勝負している感じは全然しなくて。今思うと当たり前なんですけどね。何の経験もない若手がそんなことを言ったら、ふざけるなって話なんで」

ディレクターとの間に生まれた軋轢は悪化するばかりで、一年ほどでクビを言い渡される。ニッポン放送出禁まで通告された。

「ニッポン放送の作家見習いとなったが、一年でクビになった」

本来ならばこれで伊福部の物語は終わる。しかし、この番組が始まった九六年一〇月からのわずか半年間で、伊福部には様々なドラマが同時進行で始まっていたのだ。

九七年四月、文化放送の深夜二時〜三時台に『LIPS FACTORY』という生放送枠が生まれた。〇〜二時には『Come on FUNKY Lips!』という二時間枠があり、その二部のような位置づけ。パーソナリティの中で、特に水曜日担当のZMAPは異色な存在だった。

SMAPの名をもじったこのユニットは、『新世紀エヴァンゲリオン』を手掛けたことで知られる当時キングレコードに所属していた大月俊倫《おおつきとしみち》プロデューサーを中心に、声優の伊藤健太郎、置鮎龍太郎《おきあゆりゅうたろう》、真殿光昭《まどのみつあき》、川上とも子、南央美《みなみおみ》を加えた六人組。そのユニットが担当する番組で、伊福部はいきなりメインの構成作家に抜擢された。

「ニッポン放送と同時期に、セントラルミュージック（文化放送の番組を制作する子会社）にも繋がりができて、それでZMAPの番組をやることになったんです。僕はプレゼンみたいなつもりで、最初の打ち合わせにラジオドラマを書いていったんですよ。それこそ中学校の時に書いてた萌え小説の真似事みたいな感じで。この中学の時に書いてた小説って、要は「おべんとつけてどこいくの」（『伊集院光のオールナイトニッポン』、『Oh！デカナイト』のコーナー）なんですよね。僕はアニメオタクじゃないですから、萌えはよくわかっていなかったんで、そのコーナーの真似なんです。だから、言わばラジオ投稿なんですね。で、それを読んでもらったら、何となく〝伊福部は文章が書ける人間〟って勝手に思ってくれて。嘘をついて「アニメに詳しいんです」って言ってました（苦笑）。『エヴァンゲリオン』からの流れをまとめたようなムック本がいっぱい出てたんで、それを読み漁って、何となくオタクっぽいドラマにしたら、やらせてもらえることになったんで。本当に不思議だったし、今思うと、凄く生意気だったと思います」

この時点で実績は、半年間ニッポン放送でサブ作家をやっている経験のみ。そんなキャリアで、ラジオとしてありえない〝六人がパーソナリティの番組〟を取り仕切ることになった。かなり無茶な状況だったが、ニッポン放送では軋轢を生んだ無謀さがここではプラスに働く。

「ハードルは高かったんでしょうけど、それが高いかどうかも当時の僕は知らないじゃないですか。今思えば、新人の声優さんが五人いて、素人の大月さんがメインに立って、しかもその人が一番喋る番組って大変ですよね。でも、当時の僕はそれが大変かどうかもわからない(笑)。ただ、オールナイトニッポンと同じ時間帯で、いきなり構成の仕事ができるっていうのは嬉しかったです。今だったら、何の経験もない人間にその時間の地上波をさせないでしょうから」

ZMAPの番組は一年間続き、伊福部は文化放送にひとまず足がかりを作ることに成功する。ニッポン放送で感じるフラストレーションとは反対に、文化放送では自分の面白いと思ったことを書いて、それを評価してもらえた。伊福部自身も「文化放送のほうが水が合う」と感じていた。ニッポン放送のスタッフからは「LF(ニッポン放送)でQR(文化放送)の話はするな」と怒られたという。

「ニッポン放送でサブ作家をやりながら、文化放送で構成作家をやる」

そして、同時進行はこれだけではなかった。九七年春の時点で、伊福部はラジオパーソナリティでもあったのだ。

「鷺崎さんとの関係はずっと続いていて、東京に出てきたタイミングも一緒でした。鷺崎さんは当時、〝チャップミート〟というお笑いコンビをやっていて。大阪時代はイッセー尾形さんみたいなシチュエーションコントだったんですけど、東京に出てくる頃には鷺崎さん主体の音楽コントをやるようになってたんですね。でも、相方の長谷川くんは作家の仕事をするようになって、お笑いを辞めて、それ一本になっちゃったんです。僕は大阪時代から鷺崎さんの音楽活動のお手伝いはやっていたんですけど、鷺崎さんが「今後どうしよう？」となってたので、コミュニティFMみたいな……いや、コミュニティですらないな。ミニFMをやってみることにしました。事務所の片隅でマイクを持って、トランスミッターを置いて、半径三〇メートルぐらいにしか聴こえないラジオを。その後、かつしかFMに売り込みに行って。で、ザ・ニュースの枠がもらえて、「喋りたいヤツは好きに喋っていいよ」と会社に言われたんです。それで始めたのが『ポアロのNEW-TYPE NIGHT』ですね」

コミュニティFMとは近隣のみで聴ける地域に根ざした放送局で、規制緩和や防災意識の高まりから、九〇年代半ばから急速に増えていた。かつしかFMは葛飾区近隣でのみ聴ける局で、ちょうど設立されたばかりだった。伊福部と繋がりがあった声優がCDの告知に来たこともあり、一部では話題になったが、インターネットがない時代だっただけに、作家とパーソナリティの活動がリンクすることはほとんどなかった。ちなみに、かつしかFMでは今も声優系の番組が放送されている。

「ニッポン放送でサブ作家をやりながら、文化放送で構成作家をやり、かつしかFMでパーソナリティをやる」

そんな若手作家がいたら、今なら話題になってしまうかもしれない。しかし、伊福部はもう一つ大胆なことを同じ時期にやっているのだ。ここでやっと冒頭に紹介した『伊集院光　深夜の馬鹿力』に繋がる。舞台はTBSラジオだ。

「TBSラジオでUP'Sが始まって。伊集院さんの『深夜の馬鹿力』を聴くようになったんですけど、オールナイトニッポンよりもUP'Sのほうが僕の思うオールナイトニッポンだったんですよ。当時、オールナイトニッポンは完全にアーティストメインになっていって。それはそれでいいし、僕もアーティストの番組は好きだったんですけど、でも、「あれ、もうニッポン放送じゃないのかな?」とは思っていたかもしれないですね。TBSへの憧れは凄くありました」

番組一周年を迎えた九六年一〇月、内田有紀のゲスト出演が決定する。当時の内田はちょうど二〇歳。ゴールデンタイムのドラマやCMに多数出演して、アーティストとしても活躍し、ニッポン放送では冠番組を持つほどの人気を誇っていた。

そんな大物ゲスト用の企画として、リスナーから中山美穂&WANDSの大ヒット曲『世界中の誰よりきっと』の替え歌（この時は馬鹿歌と称された）の歌詞を募集し、内田に実際に歌ってもらうという企画が行われた。もともと『深夜の馬鹿力』では、伊集院が突然珍妙な歌を歌い出したり、コーナー内でも替え歌が紹介されたりすることが多かった。この時点で伊集院は「一二月に僕は馬鹿歌紅白というのをやりたい」と発言している。

その後、正式名称が「電波歌」となり、小泉今日子がゲストに来た際にも大きな盛り上がりを見せた。この時、伊集院は「よく幼稚園の帰りに子供が自分の好きなメロディーに合わせて、適当な歌を歌っているじゃないですか。考えて作っているんじゃなくて、〝電波〟の命令のままに口から出ているような……」とその主旨を説明している。

そして、課題曲が毎週提示され、「輝け！紅白電波歌合戦」としてコーナー化。最初に課題曲とされたのはスピッツの『ロビンソン』だった。歌詞だけでなく、直接歌った音声を録音したテープも募集され、番組内ではカラオケの音声もオンエアされた。

九六年一一月一一日放送分。いくつか放送された音声の最後に、「今回一番素晴らしかった」と伊集院が紹介したのは、「葛飾区・ポアロ」のものだった。放送された中では唯一のギター弾き語り。演奏&歌は鷲崎、作詞は伊福部が担当した。もちろん番組内では二人組であることは明らかになっていない。

他の作品を大きく引き離したクオリティの高さ、そして脈絡無い「タモさん！」というシャウト。伊集院は「いい人材をまた発掘してしまいましたね」とポアロのことを手放しで絶賛した。

「単純にずっと伊集院さんの番組のリスナーだっただけなんです。ちょうどミニFMを事務所でやっている頃に電波歌が始まって。せっかく鷲崎さんというギターを弾ける人間がいるんだから、僕が歌詞を書いてきて、「ちょっと歌ってよ」ってお願いして、投稿し始めたんですね。一応お笑い事務所なので、取材やリサーチもやってたから、カセットテープのデンスケがあったんで、結構クリアな音で録れてました。鷲崎さんは何もしてなかったんで、ヒマならやってみようかって」

この週からポアロは〝レギュラー〟となる。翌週の課題曲はウルフルズの『ガッツだぜ!!』。ちなみにコーラスとして伊福部も登場し、「エロ探偵」という意味不明な言葉を連呼している。この週は『雨上がりの夜空に』（RCサクセション）の電波歌もポアロは投稿しており、それも伊集院に褒められたが、「ポアロの番組になっちゃうから」と一曲流すにとどまった。この日、ポアロの歌う『ガッツだぜ!!』の電波歌が番組のエンディングテーマ曲にもなった。

その後、『浪花節だよ人生は』（細川たかし）、『また会う日まで』（尾崎紀世彦）、『サンタルチア』（ナポリ民謡）の電波歌が毎週採用された。ポアロが二人組だということも明かされる。

そして、一二月一六日には実際の歌合戦がスペシャルウィークで実現。ポアロは出演者としてTBSラジオに呼ばれ、他のリスナーが送ってきた『ガッツだぜ!!』の電波歌を録音ながら熱唱した。ちなみにここでも伊福部はコーラスで参加し、「ブス特有！」を連呼している。この週は二部構成で、後半の馬鹿ニュース企画には奇しくも電気グルーヴのピエール瀧がゲスト出演していた。

「毎週テープを送ってくるリスナーがいっぱいいて、僕らはたまたまセミプロ枠みたいな扱いになって、他とキャラが被らなかったんですよ。一応ちゃんとギターを弾いて、歌唱力もある人たちがあんまりいなかったから、いいポジションをもらえて。年末も呼びやすかったんだと思うんですよね。僕らは遊びの延長だったんで、そこから仕事に繋がるとは思ってなかったかもしれないです。未だに繋がってないですし。伊集院さんと実際にお会いした時は緊張しました。ちょうどダイエットをやっている時期で、ヘロヘロの伊集院さんがいましたよ」

この週を最後に電波歌のコーナーは幕を閉じ、ポアロの〝レギュラー出演〟も終了した。『馬鹿力』内では伊福部の名前も、鷲崎の名前も出ていないが、今の時代なら早い段階で身元がバレてしまい、実現しなかっただろう。九〇年代はまだそれが可能だった。

「ニッポン放送でサブ作家をやりながら、TBSラジオに出演し、文化放送で構成作家をやり、かつしかFMでパーソナリティをやる」

時系列を整理してみよう。九六年一〇月にニッポン放送でサブ作家を始める。翌一一月から一二月にかけて、ポアロとしてTBSラジオに登場。翌年の春には文化放送でメインの構成作家を務め、コミュニティFMの番組がスタートした。このわずか半年間ですべてを同時進行させていたのだ。

『深夜の馬鹿力』に出演したことはポアロの音楽活動が活発になるキッカケにはなったが、本人の言葉にあるように、あくまで〝遊びの延長〟だったし、そこから構成作家の仕事に繋がったわけでもない。深夜ラジオリスナーから見ると、声優のラジオは遠い存在で、時に批判する対象だった。それだけに、双方を繋げて見るリスナーはほとんどいなかった。そして、『深夜の馬鹿力』とはまったく違うところで、伊福部の作家生活は動き出す。

アニラジだからこその自由

伊福部が文化放送で仕事をし始めた九七年は、爆発的に声優のラジオ番組が増えている時期だった。専門誌『アニラジグランプリ』が九五年末に創刊。改編期ごとに番組が増え続け、九七年春の時点で全国の地上波で約一二〇ものアニメラジオ……〝アニラジ〟が展開されており、内部はスタッフ不足にあえいでいた。

「アニラジを最初に作ったのは僕らより前の人たちで、一ジャンルになり始めた頃に僕が入ってたんです。そこで、自分なりのアニラジみたいなものを……というか、アニラジは知らなかったんで、僕には深夜ラジオをやることしかできなかったら、深夜ラジオをアニラジの中でやってたんです」

試しにドラマの台本を見様見真似で書いてみたら、あるスタッフがそれをゴミ箱の中から発見。読んで面白がってくれた。その人がおたっきぃ佐々木。ディレクターが本業だったが、オタク文化に精通した知識とキャラクターを買われ、パーソナリティとしても活躍していた異色の男である。伊福部は彼の番組を手伝うようになった。

当時のアニラジは、アイドルのラジオ番組の作り方を基本に制作されていた。そこで、伊福部は自分が面白いと思う路線の番組を生み出していく。声優の数も爆発的に増えており、次世代声優の番組を伊福部は多数手掛け、上の世代と棲み分けをしながら、着実にキャリアを積んでいった。

アニメソングのみのリクエスト番組『SOMETHING DREAMS マルチメディアカウントダウン』、おたっきぃ佐々木がパーソナリティを務める生ワイド番組『超機動放送アニゲマスター』、一五年半も続くことになる『智一・美樹のラジオビッグバン』などを担当。二〇〇〇年代以降の声優界をけん引する堀江由衣、田村ゆかり、宮野真守《みやのまもる》らとも早い段階からかかわっている。九九年頃になると、『アニラジグランプリ』の誌面にも伊福部は登場するようになった。

深夜ラジオリスナー出身であれば、声優のラジオを斜めに見ていた部分が伊福部にもあったはず。それとはどうやって折り合いを付けたのだろうか。

「そういう部分も確かにあったと思います。だって、『電気グルーヴのオールナイトニッポン』でボツになったネタには、「声優は気持ち悪い」みたいなものもありましたもん（笑）。今は本当にボツにしてくれてありがとうって思います。でも、入ってからは偏見ってあんまりなかったですね。僕はそもそもニッポン放送のラインから外れて、文化放送でお仕事をさせていただくようになったわけですから、水がそっちにあっちゃったというか」

夜の帯番組『古本新之輔　ちゃぱらすかWOO！』も担当することになったが、流行を追うことやスポーツなどの一般的な知識を求められる現場には違和感を覚えたという。

「お笑いにしても、ラジオにしても、きっと僕はオタクだったんですよね。例えば音楽が好きでしたけど、趣味は偏っていたし、ヒットチャートについて凄く知っているわけではなくて、ちょっとマニアックだったんです。アニメについては凄いマニアではなかったですけど、自分にはオタク気質、マニア気質があったというか……きっとサブカル好きだったんですね。だから、アニラジのほうが自分にあってたんだと思います。偏見というより、自分の居場所がこっちだなと思ってたのかもしれません」

そんな風に作家を始めた伊福部は当然、師匠にあたる人間はいない。発想や考え方は自分が聴いてきたラジオ番組から学んだこと。台本の書き方はザ・ニュース時代の影響から、テレビ番組のものがフォーマットになっており、ラジオには要らないはずの映像やスタッフの動きについて書き込む枠がある。

自己流から始まりながらも、その仕事は着実に評価されていく。イベントの構成なども手掛けるようになり、九九年には水木一郎の二四時間一〇〇〇曲ライブのメイン構成を務め、やっと自分の仕事に自信が持てるようになった。

その過程はメール募集の開始、ホームページの一般化、デジタル編集の普及などラジオ界が大きく変わった時期と重なる。それに加え、アニラジ界ではインターネットラジオの文化が生まれた。

「最初の頃、ネットラジオという新しいコンテンツが今後大きくなったらいいなと思ってましたけど、正直、そんなに流行ると思ってなかったです。実験的にやることになり、テレ放題（固定電話の料金が午後一一時から翌朝八時まで定額になるシステム。当時、インターネットをするには必須だった）の時間に始めて。ゲームやアニメと親和性が高かったんだと思います。僕らは若かったから、実験的なことが好きだったし、何か新しいオモチャを見つけた感じでした。地上波じゃないというのはデカいですよね。特にインターネットが今みたいに不特定多数が監視しているような世界ではなかったですし。しかもインターネットではないんですが、その後に始まったBSQR489というBSデジタル音声放送なんかはチューナーを持っている人しか聴けなかったので、結構緩くやらせてもらってました。製作費もギャラもたぶん安かったんですよ。だから、逆に「好きにやりなよ」みたいな感じがあったんだと思います」

声優の小野坂昌也とやっていた番組では、最終回に「お前らにはもう必要ないだろうから、チューナーをぶっ潰して送ってこい」と呼びかけたところ、実際にハンマーで破壊されたチューナーが何台も文化放送に届いたこともあった。そんなことも許された。

インターネットラジオに限らず、アニラジは深夜ラジオとは違う文脈で変化していく。番組毎に生まれる様々な声優の組み合わせ、イベントやCDやグッズ展開、予想以上に強いシモネタ要素などは独自進化の賜物だ。

「『ビッグバン』は地上波でしたけど、結構自由にやらせていただいて、今思うと、考えられないようなことをやってましたよね。良かったのは、もしかしたら声優というもの自体が世の中の中心じゃなかったからかもしれません。それをとんねるずさんがやっていたら怒られていたかもしれないし、福山雅治さんがやっていたら嫌がるファンがいたかもしれないですけど、あくまでもよく知らない声優たちがやっていることだったので。メインストリートじゃない人たち……だから、これもサブカルだったんでしょうね。サブカル魂じゃないですけど、そういう想いで作っていたのかもしれないです」

独自進化は二一世紀に入ってさらに進み、声優・アニメ関連専門のインターネットラジオ局が多数生まれ、現在は年間で二〇〇以上の番組が新たにスタートし、同時に終了する状況になっている。現場の環境も大きく変わってきた。

「若いスタッフがたくさん必要にはなりましたね。しょうがないことなんですけど、単価が凄い下がりましたし。若い子にも急なチャンスが与えられるようになってよかった……と言おうと思ったんですけど、僕は何の経験もないのに、地上波をやらせてもらっているから（笑）。あと、アニラジの形みたいのがいい意味でも悪い意味でもできちゃったのかもしれないです。よく言われることですけど、アニラジって厳密にはジャンルじゃないんです。これをラジオの中の一個のカテゴリーであるってことを認識した人が作っているか。認識する以前に作っているのか。それがもしかしたら大きいのかもなって。僕には「アニラジっぽいものを作ろう」とか、「アニラジだからこうやろう」っていう感覚がそもそもなかったんですけど、今は聴く側も作り手側もカテゴリーを意識していますよね？」

現在の伊福部は多数の番組で構成を担当。ラジオだけでなく、イベントや舞台、アニメの脚本まで手掛けている。ラジオパーソナリティとしても活躍しており、ディレクターも経験した。出禁を言い渡されたニッポン放送にも復帰を果たし、声優の神谷浩史がオールナイトニッポンを担当する時は、構成作家の一人として参加。その時はさすがに心が震えたという。そして、ポアロとしての活動も継続中。二人のラジオ番組は形を変えながら二〇一六年まで続いた。相棒の鷲崎がコンビニのバイトからラジオパーソナリティとして名を馳せるようになるのはまた別の物語である。

作家の存在意義はなにか

最初に目指した〝真夜中の二時間番組で笑っている人〟とは形が変わったが、アニラジが隆盛を迎える過程を見てきた伊福部にとって、構成作家とはどんな仕事なのだろうか？

「まずどういう番組になるのかを想像する。パーソナリティやディレクターに「こういうことをやりたい」と言われたら、それがどう成立するのかを想像するんです。で、ある時はパーソナリティと、ある時はディレクターと、この想像を具体的にしていき、言葉にして台本にする。それが最初の仕事かなっていう気がしますね。例えば、「川柳のコーナーをやればいいじゃん」と言われて、台本に「川柳のコーナー」と書くだけだったら成立しないので。今の時代に合わせて、このパーソナリティに合わせてやるんだったらどうするのか。それを一回想像してみて、それをお互いに共有して、紙にするのが最初の仕事で。あとは、現場において、その想像があっているのか、パーソナリティが喋りづらくないのかなどをすり合わせていき、それに合わせた投稿を現場で選んでいって、形にしていく仕事かなって思います」

今はディレクターやプロデューサーとの線引きが曖昧になり、構成作家のあり方も変わってきた。そこには伊福部も危機感を持っている。

「昔は作家がアイディアマンで、無茶苦茶な、アホみたいなネタを出して行って、ディレクターが取捨選択して形にするというのが本来のあり方だったんですけど、今はどっちかというと、作家のほうが成立させる役をやっている場合が多くて。僕はそれがもったいないなと思うんです。別に若い子を批判するつもりはないですけど、今の人たちはプロデューサーがやりたいように出してきたものを角を丸くして、お盆に載せて、パーソナリティに渡しているような気がして。それじゃあ、「なんで作家になりたかったの？」って思っちゃうんです。別に絶対にディレクターやパーソナリティより尖っている必要はないと思いますけど、最終的に自分の責任でまとめるわけだから、まずはメチャクチャなことを言って、ブレストすればいいと思うので」

年齢を重ねていくことによって、作家の立ち位置も変化する。キャリアを積んできたからこそ、伊福部はそれを意識している。

「作家の立ち位置って、世代や年代で変わってきますし、パーソナリティの関係性も世代によって違うじゃないですか。パーソナリティが一〇代の番組と、自分と同じ四〇代の番組と、年上の六〇代の番組では、作家として入っている僕の立ち位置は全然違いますから。やっぱり番組によって、人によって全部変わってくるとは思うんですけど、やっぱり共有してすくい上げる仕事じゃないとダメかなと思います」

一〇代が相手なら、若い人間が持っていない自分の経験を使って、彼らが言ったことをすくい上げて企画にする。四〇代なら、同世代しか持っていないグルーブ感を使って、よりふざけたり、よりハッキリした内容にしたりして、企画にはめやすくする。六〇代なら、その人よりも若い感覚を活かして、世間に合うものにアレンジする。それも構成作家の仕事だ。

「作家がいるからこそ一個のトークが深くなるし、企画が深くなることが必要だというか。台本を書いて、そのまま渡すだけなら、誰が書いても同じだと思うので。作家の持っているビジョンや成功体験を共有して。「この企画ってそっちの方向に進んでいったら、こういうゴールがあるかも」と指し示せなきゃいけないし、「これはゴールが見えないけど」と言われても、それを説明できる答えを持っていないといけないと思うので。自分で書いた台本においては、〝全知全能であること〟が作家には必要かなって気がします」

伊福部は二〇一三年からネットラジオの三〇分番組として、『伊福部崇のラジオのラジオ』を立ち上げた。「仕事でかかわっても、深くラジオについて話すことができないまま終わってしまうのはもったいない」という考えから生まれたこの番組は、文字通りにラジオについて真面目に語る内容で、声優だけでなく、構成作家、ディレクター、プロデューサー、さらに、他局のアナウンサーや若手スタッフなどをゲストに呼んできた。藤井青銅も出演。いつか伊集院や電気グルーヴを呼ぶのが密かな目標だ。この番組をキッカケに、若い構成作家も生まれた。かつてニッポン放送で「文化放送の話をするな」と怒られた伊福部は、今や毎週のように、文化放送でTBSラジオやニッポン放送の話をしている。

そして、二〇一五年七月からは、男性声優がパーソナリティを務める深夜一時開始の深夜ラジオ『ユニゾン!』（文化放送）の木曜日を担当。再び自分がリスナーとして聴いていたあの時間帯の生放送で構成作家を担当することになった。パーソナリティは同世代の鈴村健一で、番組のコンセプトは「ラジオ・オブ・ラジオ」。JUNKのおぎやはぎ、オールナイトニッポンの岡村隆史が裏番組という激戦区において、お笑い要素も真面目な要素もどちらも詰まった直球の深夜ラジオを放送している。

「僕が聴いていた伊集院さんとか、電気グルーヴとかはどっちかと言うと馬鹿なほうが強くて。僕自身、メチャクチャな内容のほうが得意だと自分では思っていたんですけど、始めてみたら、王道ラジオって凄い楽しいな、気持ちいいなって感じました。ふざけきったほうが好きだと思い込んでたんですよ。若い頃はきっと真面目なものを否定しがちなんでしょうね（笑）。歳を取ったのもあると思いますけど、リスナーに番組中に愛の告白をさせて、それが成就していく様を聴いて、素敵だなと感じるなんて、高校生の僕は思ってなかったと思います」

学生の頃に魅了されたラジオとは別の価値観。電気グルーヴが真っ先に否定するような世界もまたラジオの魅力だ。

「今、電気グルーヴのラジオがあったら、バカにされる対象ですよね、本当に(笑)。でも、よく考えたら、電気の番組の中にも、音楽について凄く真面目に話している瞬間もあったし、怒りを交えて語っている時もあったんです。何かそれを見ないようにしていたというか」

ラジオに肩書は必要ない

これだけラジオの仕事をしてきても、未だにリスナーとして番組を聴いている。もちろん欠かせないのは、『深夜の馬鹿力』だ。

「毎週で言ったら伊集院さんですけど、時々なら『バナナムーン』とか、あまり言いづらいですけど、『メガネびいき』だとか(笑)。まあ、今やradikoのタイムフリーがありますからね。ただ、アニラジはあんまり聴かないようにしてます。誰が作ったのかわかっている番組はあまり聴かないようにしてて。聴いていると、「俺だったらこうする」と思っちゃうから、仕事になっちゃうんですよね。でも、芸人さんのラジオを聴くのは、テレビを観るのとあんまり変わらなくて」

もしかすると、最初に夢見た深夜ラジオの道ではなく、アニラジという方向性に進んだからこそ、伊福部は今でもラジオを好きでいられて、仕事としても続けられているのかもしれない。

「自分がそっちの仕事をメインでやってたら、もしかしたらこんな風に思ってなかったかもしれないですから。本当にこの業界に入るまでは、僕は声優さんという人たちのことを何も知らなくて。僕自身、固定観念じゃないですけど、「ああ、アニメの人なんでしょ？」って考えていたと思うんです。でも、入ってみたら小野坂さんみたいな人がいて、関さんみたいな人がいて。ぶっちゃけ、「こんな間でツッコめる人がいるんだ」って、鷲崎さんに最初に感じたことと同じように思えたんです。ちゃんと笑いの理論をわかっている人もいるし、芸人さんみたいに面白いって思える人もいたから、「別にこの人たちがオールナイトニッポンをやってもいいじゃん」って考えたんですよね」

かつては「声優のラジオなんか……」という見方が少なからず深夜ラジオリスナーの中にもあったが、近年は大きく変わってきている。深夜ラジオへのゲスト出演も多い。一部の例だが、『星野源のオールナイトニッポン』には宮野真守、安元洋貴《やすもとひろき》、下田麻美《しもだあさみ》、高森奈津美《たかもりなつみ》が、『バナナマンのバナナムーンＧＯＬＤ』には佐倉綾音《さくらあやね》がゲスト出演。〝声〟を使った活躍だけでなく、ラジオの喋り手としても力を発揮した。「声優をラジオに出せばファンが聴く」、「声優のラジオはファンだけが聴いている」という安易な見方は成立しない段階にきている。

「声優さんってお笑い芸人さんみたいにハードルがないぶん、全部フラットかなと思ってて。お笑いさんはお笑いだから、面白いことを言わなきゃいけなくて、真面目なことを言ったら別の意味が生まれちゃう。でも、声優さんは全部フラットだから、パーソナリティという意味では、本当にパーソナルでいられるというか。そこには可能性がたくさんあるんだろうなって。むしろアニメを知らない人たちのほうが、先入観なく声優のラジオに入りやすいかなって気がしてます。だって、そもそも僕らは伊集院さんが何の人か知らなかったわけですよ。オペラ歌手だと思ってたんですもん、当時（笑）。面白いオペラ歌手がいるなって思ってて、そこにハマって聴き始めたわけじゃないですか。最初に言ったように、自分の言語や感覚に近いから、この人にハマっていって。むしろ、声優やアニメのラジオみたいな枠組みが、今は前に出過ぎていて、ちょっと邪魔になっているのかもしれないなって」

ラジオにおいて、肩書きは大した意味がない。大事なのは面白いか、面白くないか。そして、共感できるか、できないか。そのぐらいシンプルに受け止めるほうがいいのかもしれない。

「別に伊集院さんも〝オペラジ〟だったわけじゃないですから（笑）。ミュージシャンのラジオを〝ミューラジ〟って言わないし、〝お笑いラジオ〟ってジャンルがあるわけじゃないのに、アニメのラジオだけ、〝アニラジ〟ってジャンルで言われますから。別にアニラジってジャンルがあってもいいんですけど、それをジャンルだと思っていない人が聴いた時、純粋に面白いと思われる番組を作ってないといけないと思います。結局この結論に辿り着いちゃうのかもしれないですけど、ツールも変わって、ガジェットも違うし、届ける方法も全然変わってきてますけど、根本にある〝この人の喋っていることを聴きたい〟とか、〝この人のトークは面白い〟とか、そういうことに変わりはないのかなっていう気がしますよね」

6 「お笑い」だけが、ラジオじゃない

大村綾人に聞く

構成作家・大村綾人《おおむらあやと》。この名前は本名ではなく、かつてハガキ職人をしていた頃のラジオネームが由来だ。初めて投稿しようと考えた時、たまたま見た映画『パラサイト・イヴ』に女優の大村彩子が出演していた。その名前を拝借し、ラジオネーム「大村彩子」の名前でハガキを送り始めた。構成作家になった時、漢字を変えて、「大村綾人」と名乗るようになったのである。

ラジオネーム「大村彩子」の名前が最も多く放送に乗った番組は『伊集院光　深夜の馬鹿力』。前章の伊福部崇とはまた違った形でこの番組とかかわり、構成作家になった大村の経歴を振り返ってみたい。

骨にしみた伊集院のトーク

一九八〇年生まれの大村が最初に自分の意志で聴いたのは、伊集院の番組だった。当時、一世を風靡していた嘉門達夫の替え歌メドレーにハマっていたが、それを知った従兄が「もっと面白いのがあるよ」と、あるCDを貸してくれた。それが、伊集院と久保こーじが作ったラップユニット・ARAKAWA RAP BROTHERSの『アナーキー・イン・AK』だったのだ。ニッポン放送の『伊集院光のOh!デカナイト』から生まれた企画で、そこには当然、藤井青銅もかかわっている。大村はこのCDを聴いて驚いた。小学六年生の頃だ。

「僕にとってラップ初体験みたいなところがあったんです。まだ九二年で、『今夜もブギーバック』（小沢健二 featuring スチャダラパー）も『DA.YO.NE』（EAST END × YURI）も出てない頃で、これは面白いぞと。『これは何なの?』と従兄に聞いたら、『元はラジオだ』って。それでOh!デカ』を聴くようになったんです。小学校を卒業する時に、少年野球の卒団記念でラジオを聴ける時計をもらって、それがよりラジオを身近にしてくれたのもありました。だから、『Oh!デカ』を聴いている時に視線に入っているのは時計、というよくわからない記憶があります（笑）。その時計から面白いトークを聴いている感覚があって」

中学に入ったタイミングでひとり部屋となり、ラジオを聴ける状況が整った。毎日聴くほど習慣にはならなかったし、一一時ぐらいには大抵寝てしまっていたが、ラジオを聴く回数は増えた。惹かれたのは伊集院のトーク。特に子門真人が歌う『ホネホネロック』を番組中に流して、「これは人の人生がにじみ出た曲だ」と話していたのが印象に残っているという。

伊集院はコーラスの女性に着目し、「声楽を学んできちんと音大を出ているはずなのに、それでも『ホネホネロック』でコーラスをしている」と想像を展開。そして、「いろんな人の人生がにじみ出ていて、ロックとは言うけれど、俺にとってはブルース」と言ってからCMに入った。大村は「なんて面白い人なんだろう」とシビれた。

とはいえ、ラジオにのめり込むまではいかず、受験勉強が本格化したタイミングで一旦離れてしまう。だから、伊集院がニッポン放送と決別し、TBSラジオに移籍する過程には触れていない。

「中三の一〇月に『深夜の馬鹿力』が始まったのは知ってたけど、「夜遅いから」っていう理由で聴かなくて。中三から高一の自分は深夜一時を〝遅い〟と思っていたんですよ。深夜ラジオは若者のものと言って、そういう番組の作り方をするけれど、二三年前の一五歳がそう思っていたことはメモしておきたいです。そんな感じで聴かなかったんですけど、高校生になって、部活に入らなかったから本当にヒマで。ネットもないし、携帯もなくて、ポケベルはあるけど……みたいな」

とにかく高校生活はヒマだった。一年生の夏休みは、自転車に乗っては目的もなく遠くに行き、高校生クイズ選手権の予選にも参加した。秋からモスバーガーでバイトもしてみた。そのまま二年生になり、再び夏休みを迎えたところで、やっと「そう言えば、友達が『深夜の馬鹿力』って番組がやっているって言ってたなあ」と思い出す。明日は学校もないし、夜更かしをしても構わない。久しぶりにラジオのスイッチを入れた。

「ラジオを付けたら一時半まで声優さんが番組をやってて、「あれ、話が違うぞ?」と思いましたけど、何とか起きていようと思って。聴いたら面白かったですね。毒ニュースの回(『夏休み恒例 ドキッ、丸ごと背広! 局アナだらけの毒ニュース大会』)だったんですけど。で、次の週も聴いたら、それも面白い。これはちょっと習慣にしようかなと思って」

やはり毎週欠かさずとはならなかったが、意識的に聴くようになった。そして、年末には深夜ラジオが生活の中心に位置するようになる。

「年末には「モテないクリスマス」という企画をやって。やっぱり小学校から中学校にかけて聴いてた『Oh!デカ』の伊集院光って人は面白いんだなあと思って、「来年は毎週聴くぞ」と誓いを立てたんです」

電波歌合戦からちょうど一年後となる九七年一二月二二日にオンエアされた「もてないクリスマススペシャル」は、モテない自信のあるリスナーを写真付きで募集し、選りすぐりの五〇人をスタジオに集めて放送された。

伊集院と一部のリスナーがクリスマス直前のお台場、都内一流ホテル、ライトアップされた表参道をリポート。さらに、伊集院が非モテぶりを独白する「もてない青春メッセージ」、リスナーによるモテないエピソード披露、木村郁美《きむらいくみ》アナを相手にした「バーチャルモテ体験」など濃厚な企画が並び、FAXテーマとして嘘のモテエピソードが集められた。合間にリスナーたちによる『きよしこの夜』や『聖者の行進』、『ラストクリスマス』といったクリスマスソングの合唱も披露された。

最後は全員で連なってフォークダンスのジェンカに挑戦。伊集院が締めに語った「いろいろですね、暗いこととかもありますけれども、一生懸命生きていきますので、みんなもですね、負けずに生きていこうというのを私のまとめの言葉にさせていただきたいと思います」という言葉が、大村にはとても印象的だった。

FAX投稿の魔術師

そんな彼が「ハガキを送ろう」と思い立つのに時間はかからなかった。以前、『週刊少年ジャンプ』の巻末にあった投稿コーナー「ジャンプ放送局」には投稿した経験があった。その時は採用されなかったが、ハガキを送ることに抵抗はなかった。

「高二の三学期になって、テストも終わって、なんとなく書いてみたという感じだったと思います。その頃は〝おもしろ〟を凄い浴びてたんですよね。『馬鹿力』は録音したのを何度も聴いてましたし、ちょうどダウンタウンの〝おもしろ〟も浴びてたので、投稿することにハードルは不思議となかったです。ボツになったらとも考えずに送ったら、すぐにそれが読まれて。一回読まれちゃうと、次を送らざるを得ないみたいな感覚でした。わりとすぐに次も読まれたから、続けたのかもしれないですね」

大村が投稿し始めたのは九八年三月。ヘビーリスナーには、『日曜大将軍』のスタートが発表され、「栄冠は君に輝く」や「社会派伊集院光シリーズ第一弾 過剰接待の現状」のコーナーが始動した頃と言えばわかってもらえるだろうか。直後の四月のスペシャルウィークには遠藤久美子がゲスト出演。本人が忙しいということで、エンクミになりすました安部譲二、ハウス加賀谷、シガニー・ウィーバー、伊集院光を加えた〝五人のエンクミ〟が出演し、着脱式弁髪やアイスの当たり棒など一風変わった芸能人の私物がプレゼントされた、そんな時期だ。

初投稿にして初採用の日は三月一六日。コーナーは「あそび」。ヒマを持て余した時に一人で時間を潰せる想像力を活かした遊びを募集するコーナーで、文字通りヒマだった大村にとっては持って来いの企画だった。

その内容は「プロ野球チップスカードやJリーグチップスカードのようなカードで、他にどんなものがあるでしょう?」というもの。伊集院はラジオネームを読んだ時に「男だけどね」とフォローを入れている。

このコーナーの面白さは投稿されたネタだけでなく、伊集院がそれを元に実際に妄想を展開するところにある。大村のネタを読んだ伊集院は「将棋の棋士カード」、「ボイラー技師カード」、「歴代総理カード」、「歴代大臣カード」など話を展開した。

採用された瞬間、大村は喜びに震えたが、当時は自分も周りも携帯電話を持っておらず、友達にその気持ちを伝える術はなかった。唯一携帯の番号を知っていたARAKAWA RAP BROTHERSを薦めてくれた従兄に電話し、寝ているところを無理矢理起こして、その興奮を伝えた。後日届いたノベルティ「おしりコイン」をラジオ好きだと言っていたクラスメイトに自慢した記憶がある。

そして、翌週は「あそび」で二通採用された。一通目は「ひとりでカラオケボックスに行き、まずドリンクを頼んでから、しばらくして店員が来た時に、物凄いテンションで少年隊を歌い続けて待っていて、店員の「うわー、この人、ひとり少年隊だ」っていう顔を楽しむ」というネタだった。

伊集院は「Winkの『淋しい熱帯魚』をダンス付きで」、「森田童子の『ぼくたちの失敗』を泣きながら」と他のパターンを想像し、「手軽な中ではこれ好きですね。やりたくなったんで」と締めくくった。

二通目は「お正月におみくじを引いたら、すぐにその場で見ないで、大晦日まで待ち、そこで開けて、そう言えば当たってるなど振り返ってみる」というもの。ハイペースの採用となった。

とにかく暇だったから、『深夜の馬鹿力』を何度も聴いた。「伊集院光にハガキを読んでもらいたい」という気持ちだけで、他の番組には目もくれなかった。時間だけは余っていたから、好きなテレビ番組も繰り返し見て、雑誌も繰り返し読んだ。そうやってすり込まれた言葉や知識が、構成作家になった以降に意味を持つようになる。

ハガキ投稿だけでなく、FAX投稿を始めたのは半年ほど経った高三の秋からだ。春から月一ペースで「あそび」に採用されたが、夏休みに入ると読まれなくなり、「この夏は聴くだけでいいか」と投稿は小休止していた。しかし、大学付属の高校だったため、受験勉強に打ち込む必要はなく、またもやヒマだった。夏休みは郵便配達のバイトに明け暮れた。そして、そのバイト代で部屋にFAXを引き、九月からは毎週送るようになる。

九月の初回。夏休みが終わり、やる気満々の画期的な毎日を送っていると言い張った伊集院は、「リスナーがどんな画期的な毎日を送っているか?」をFAXテーマに設定。大村はさっそくFAXを送ってみた。

すると、「アイドルのイベントに行って、アイドルを撮らず、カメラ小僧を写真に撮って、家で現像しています」、「秋葉原のラジオデパートでスイッチを買ってきて、自分のベルトのバックルあたりに取り付けて、「俺、パワーオン！」を繰り返して楽しんでます」、「『笑っていいとも！』のテレホンショッキングを一回だけちらりと見て、その日のゲストからどういう風に展開していくか考えてます。僕の中で一一月一五日のゲストは柴俊夫さんになっています」……と三件も採用され、伊集院は「ペンネーム大村彩子は今日絶好調なんですよ」と爆笑した。

ＦＡＸは主に生投稿用で、毎週テーマを設けて募集されていた（のちにフリーテーマが基本となる）。今でも生放送中にリアクションのメールを受け付けている番組があるが、大きな違いは回線の数。メールはほぼ無制限に受信できるが、ＦＡＸは電話回線を介しているため、一つの投稿を受信している最中は、別のものは受け付けられない。そこで大村は一計を案じる。

その方法はこうだ。まず伊集院のフリートークを材料に、その日のＦＡＸテーマを予想し、先にネタを書き始める。そして、「今日はＦＡＸで〇〇を募集しよう」と言った瞬間に、送信ボタンを押すのだ。家庭用のＦＡＸにゆっくりと紙が吸い込まれているわずかな時間に、脳を猛烈に回転させて、次のネタを考え、追加の紙を加えていく。テーマの予想が違った場合も、この短時間で修正する。とにかく最初に回線を抑えて、数を打つ。もちろんその内容が番組サイドに刺さらなければ読まれないが、ＣＭ明けに「もうＦＡＸが届いています」と紹介されるのは嬉しかった。ヒマな時間を抱える大村にとって、その瞬間こそが「人生の本番」だった。

番組作成への初期衝動

そして、FAXを導入した同時期に、大村はもう一つ、新しいことを始める。友人とラジオ風のカセットテープを制作するようになったのだ。

「やっぱりヒマで（笑）。よく友達と電話してたんです。携帯はまだ持ってなくて、持つ気もなくて、だいたい家の電話機の子機で話してて。でも、二時間ぐらいでちょうど充電が切れてしまうんです。で、「考えてみれば、二時間って伊集院光が喋っている時間じゃないか」というのがあって。どうせだったら、他の人に聴かせたいわって思うぐらい友達と喋っているのが楽しかったから、じゃあ、カセットテープに録音しようと思ったんです」

運よく録音や編集作業に詳しい友達がいた。話を振ってみると、「俺もヒマだからいいよ」と手伝ってくれることになった。

「全部で五回か六回ぐらいやったかな。毎週じゃなく、でも、いいペースでやっていた気がします。ちゃんとUP'Sに仕立ててたんですよ。世の中にはない〝日曜UP'S〟を作って（笑）。番組の最初に流れるジングル……「イッツ・ワン・オクロック・ショー！ ウルトラ・パフォーマンス・レディオ〜アップス！ マンデー！」を使って。曜日の部分だけスッと音量を落として、TOKYO No.1 SOUL SETの『SUNDAY』という曲から「サンデー」という部分を流し、ヒョイッとお尻の部分は本物に戻る、みたいのを作って……というか、たまたまそれができて（笑）。自宅にあるラジカセの録音とダビング機能だけで作りました。指さばきだけで運よくできたんですよ。UP'Sの中に入るCMもはめ込んで、ジングルはそのまま伊集院さんのを使うのは違うなと思ったから、友達に適当に歌わせたものをジングルと称して流してました」

完成した一二〇分のカセットテープにダビングし、録音禁止の爪を折り、ノリをわかってくれる一〇人弱の友人に配った。コーナーがあったから、ネタを書いてもらい、それを回収して、実際に読んだ。

「もはや自分は元のテープを持ってないからなあ。友達が奇跡的に実家に保存していてくれない限りはないんですよ。聴けるなら、凄い聴きたい。だいぶ内容を覚えてますけどね」

初期に作ったものは自分が出演者でも聴き直した。なんせ、それだけヒマだったのだ。

「聴きすぎているから、たぶん恥ずかしくないと思います。「ああ、この次に自分はこう言うだろうなあ」、「あっ、やっぱり言った」の繰り返しになるだろうから。後半のそんなに聴いてないものは、逆に僕は聴きたい。何を言ったか想像つかないし、そうは言っても、結局想像つくんだろうなというのはあるから。年齢的なもので、たぶん恥ずかしいは通り越していると思います。あと、一〇代の自分の感覚が今でもどこまで残っているか、もはやわからないじゃないですか。ずっと残っているって考えてたけど、そんなこともないんだなと今は思っているからこそ、あの時の初期衝動みたいなテープは凄く聴きたいですね」

今でも覚えている〝日曜UP'S〟内で実際に語った内容は、『ものまね王座決定戦』におけるダチョウ倶楽部の役割分担」だ。

「何を言ってたか、完全に覚えてますよ。上島さんは出落ちみたいな感じで、とにかく面白ければいい。で、肥後さんはうまくなくちゃいけない。本当に似ていると思わせるモノマネじゃなきゃいけなくて。そして、ジモンさんは「なんだかわからないなあ」っていう（笑）。ジモンさんは急に般若の面とかになっちゃうからずるいんですよ。あと、上島さんが野村沙知代、肥後さんが名古屋章をやって、最後にジモンさんがＤＪ ＫＯＯだった時があって、見た目は似てたけど、モノマネなのか、ＤＪ ＫＯＯグッズを身に付けただけなのかわからないって話をしてました（笑）」

ラジオ好きの一〇代が持ちがちな「番組をやってみたい」という初期騒動。ただ、時代によってはそのアウトプットの仕方がまったく違う。これもラジオ界の変化を表す一つの現象かもしれない。

「今はラジオ番組みたいなことをやりたいとなったら、すぐにできますけど、何かそれとは違うんだよ、みたいな気持ちはあって。僕の場合はクラス全員にテープを配ったわけではないし、「わかってくれる」、もしくは「わかってくれ」って思った友達までしか配ってないから。今のように、全世界や自分の知らない人たちに聴いてもらえるものが高校時代に存在したら、それをやっていたか？　あまりにも想像できない世界だなあと思っていて。でも、今もいるんじゃないかなあ。決して目にすることはなくても。それこそ、西内まりやちゃんと番組をやってきましたけど、顔合わせの時に「ラジオ番組風のテープを作ってました」って言ってたんです。そう考えると、今もいるんだろうなあ、いてほしいなあって」

高三の時に作り出した日曜UP'Sではいろいろな企画をやった。街に出てナンパに挑戦し、それがキッカケで合コンに発展した。そして、別の企画ではバンド活動にも繋がる。

「その番組の二回目か、三回目ぐらいの企画で、「この番組が話題の路上ミュージシャンを見つけました。その音源を独占入手したので、今日はそれをお届けします」というのをやろうってなったんです。自分たちで別人になりきって、そういう曲を作って歌わなきゃと。じゃあ、ギターを弾ける友達は……ああ、後ろの席にいたなって。それで、彼の家に行って、曲をその場で作って歌ったのがバンドを始めるキッカケでした」

大村が語る当時の自分には、いわゆるハガキ職人にありがちなひねくれた雰囲気がない。三年生の文化祭ではバンドや落語を披露したという。当時はどんな学生だったのだろうか。

「その高校には同じ中学の人が誰もいなかったし、部活にも入ってなかったから、一年生の時点で置かれた状況は孤独なんだけど、でも孤独感は全然なかったです。若干自意識過剰なところはありましたけどね。「あいつらはモテる感じだから」とか、「不良っぽいから」とか、付き合わないようにしていた人はいたけど、高三の時にはそういう気持ちもなくなって。あのクラスは面白かったなあ。まあ、私立の高校あるあるかもしれないけど、同じような狙いで高校を決めて入ってきた人たちだから、人間的に大きく差を感じない……って言ったら表現は難しいですけど、こいつとは付き合わねえぜって完璧に思うような人ってそんなにいなくて。嫌な感じがしても、接してみると「悔しいけど、話せるなあ」、「嫌なのに、人に合わせられるなんて凄いなあ」みたいな。だから、孤独感はなかったんですけど、とにかくヒマだったんです」

ラジオに関しては、あくまで伊集院ありきだった。自分が面白いことを証明したい。自分が面白いと思うことをラジオの電波に乗せて世の中に伝えたい。そういう気持ちはほとんどなかった。そもそも自分がハガキ職人だという意識もなかった。ただただ「伊集院光に自分のハガキ（ＦＡＸ）を読んで、面白がってもらいたい」という思いで投稿を続けていた。ＦＡＸを購入してからは、「伊集院さん以外に送っても読まれるのだろうか？」と試しに他の番組にも送ったことはある。松任谷由実やPIERROTSの番組では採用もされたが、来週も送ろうというモチベーションは湧かなかった。

だから、「ハガキ職人から構成作家になる」という道筋も頭にはまったくなく、そもそも構成作家への憧れもなかった。『深夜の馬鹿力』の構成作家と言えば渡辺雅史だが、その存在も番組の一部だから、そこに加わりたいとか、代わって入りたいと考えたこともなかった。

反対に、どちらかというと、パーソナリティになりたいという思いが強かったようだ。当時、ハマっていたテレビ番組『おはスタ』に出演しているおはガールに送ったファンレターに「ラジオパーソナリティになるのが夢です」と書いたことがあった。その子からは「本当になれたら、ゲストに呼んでくださいね」と返事が来たという。

出待ちが作家との出会い

そんな大村にとって転機になるのが、前章に登場した伊福部崇の存在である。ポアロという名前に初めて触れたのは高校三年生の三学期。またしてもヒマな時間を抱えていた時期だった。

「高校三年が終わる時に、まず出待ちブームというのが僕の中にあって。高校生活がとにかくヒマだったんですよ。三学期になると、大学の授業みたいに「この授業を取ります」みたいな宣言をして、そこだけ行けばいいとなるから、一時間目から行かなくてよくなったんですよ。で、わりとずっとなんですけど、アイドルが好きで、『おはスタ』が好きだったので、テレビ東京におはガールの出待ちに行くということをやってみたんです。そうしたら、おはガールや山寺（宏一）さんに会えて。「山ちゃん！」と声をかけたら、「なんだ、お前ら、学校に行け！」みたいに言われるなんてことをやって（笑）」

ちなみに、テレビ局やラジオ局での出待ちについては、当時と今では大きく状況が違うことを記しておきたい。今では禁止されている場合も多い。

「ハガキも送れば読まれるし、出待ちもすると会えるんだと、すぐに成功体験をしてしまって。で、伊集院さんのところにも行ったんです。日曜日のほうだな。『日曜大将軍』の放送後にTBSに行って。そうしたら、伊集院さんに会えて、サインをしてくれたんです。「いつも送っている、大村彩子です。これをもらってください」ってあるポスターと写真を手渡して。そうしたら、次の日の『馬鹿力』で喋ってくれたんですよね」

伊集院がそれについて語ったのは九九年二月八日の回。ちょうど前週に風邪を引き、やる気が起こらないという話がその日のトークテーマになっていた。その中で伊集院は「ちょっとやる気が出たのはね、よくハガキが読まれる大村彩子さんというペンネームの人がね、日曜日の番組が終わったあとにTBSの前にいて、「いつもハガキ書いてます」なんて言われてね。「これもらってください」って袋をもらって。家に帰って見たら、中に自分で作ったオリジナルの小宮山のポスターとかが入ってた（笑）。で、「ああ、よかった。こういうダメなヤツがいてくれた」と思って。「ああ、いいや。みんなでダメならそれがいい」と思って。ちょっとだけ元気が出ましたけどね」と語っている。

伊集院が番組で触れていたその中身は、千葉ロッテマリーンズ所属のピッチャー・小宮山《こみやま》悟《さとる》らプロ野球選手のポスターと、知らないオジサンの写真。大村はどうしてそんなものをプレゼントしたのだろうか。

「拡大コピーブームというのがあったんですよ（笑）。拡大コピーすると大概面白いというのがあって。小宮山のポスターと伊集院さんが言ってたのも、実は週刊ベースボールに載っていた小宮山のドアップを必要以上に拡大コピーしただけのものなんです。知らないオジサンは高校の事務員さん。親に渡す学校便りみたいな広報紙があるじゃないですか。それに載っていた事務員の顔が面白くて、拡大コピーしてたんです。で、福生《ふっさ》に住んでいると書いてあったから、相撲文字みたいに「福生」と下に書いて。そういうのを作るのがブームで、学校中に貼ってたんです（笑）。他だと、現代文の先生が鈴木《すずき》平《たいら》というオリックスのピッチャーに似ていると言われてたから、その二人を並べたポスターみたいのを作ったり。それで作ったものを伊集院さんに分けようと思ったんですよ」

伊集院はそもそも番組内でよくプロ野球の話をしていた。また、大村は送ったハガキの隅に独特なイラスト（例えば、当時渡嘉敷勝男と揉めて一部で話題になったマックス岩崎など）や意味不明な言葉などを書き込むことが多く、それを伊集院がよくいじっていた。そんな前提があるとはいえ、ちょっと厄介なリスナーに見えるが、ある意味、深夜ラジオリスナーがパーソナリティに持つ共感と共犯意識がよく表れた行為である。

「普通なら月曜の深夜に行くものなのかもしれないですけど、当時は埼玉に住んでいて、さすがに次の日も学校がありましたし。それで日曜日に行ったんです。で、番組でも触れてくれたから、次の週も行ってみようと。「また会えるかもしれない」と思って行ってみたら、たまたまその時は伊集院さんが出てこなくて。でも、同じように出待ちっぽい人がいたんです。それが、からておどりさんというポアロを初期からインタビューしたり、伊集院さんの同人誌を作ったりしている方だったんです。「もしかして出待ちですか？」という話をしたら、ポアロのビデオと同人誌をもらって」

電波歌のコーナーを聴いていなかった大村にとって、ポアロは未知の存在だったが、ビデオを見ただけでその面白さに惹かれた。さっそく葛飾に住む友達に、かつしかFMでの番組をチェックするよう依頼。さらに、コーナーをでっち上げて投稿もしている。すべて高校三年の三学期のことだ。

その後、大学に進学。三鷹のサウンドスタジオアイにポアロのライブを見に行き、伊福部に千葉ロッテの、相棒の鷲崎には広島カープの野球帽を被せ、ファンとして一緒に写真を撮影した。大村自身もあのラジオ風のカセットテープをキッカケに始動したバンド・物色の活動に精を出した。『深夜の馬鹿力』への投稿も続けていた。ちなみに九九年六月には番組に電話で出演。「薬師丸ひろ子選手権」に挑み一週だけ勝ち残っている。大村が全力でやった「快感……」、「チャン・リン・シャン」のモノマネが全国放送で流されたのだ。

「大学一年の間はバンドをずっとやってて。大学二年の時に二〇〇〇年になって、バンドのHPを作ったんです。そうしたら、そこの掲示板に伊福部さんが書き込みをしてくれて。「大村彩子って馬鹿力のハガキ職人ですよね？」と。それでメールのやりとりをし始めて、対バンしましょうよって話になって。そこからの順番は記憶が曖昧なんですけど、ライブを観に行って、打ち上げにも参加したんです。で、その時期に伊福部さんから「アニゲマスターのサブ作家が一人抜けるんだけど、やりませんか？」と誘われて」

断る理由はない。すぐに「やります」と返答した。ほとんど大学には行っておらず、やっているのはバンド活動とバイトだけ。またしてもヒマだったのだ。

二〇〇〇年一二月には四谷の文化放送に見学に行った。『超機動放送アニゲマスター』は土曜夜の生放送。ちょうどスペシャルウィークで、すでに人気になっていた声優の田村ゆかりと堀江由衣がゲストに来ていた。

「ディレクターに「見学してみてどうだった？」と聞かれて、言った感想はまだ覚えてます。「ああ、時間通りに進んでいくんだなあと思いました」っていう。生放送の現場を見て、きちんと時間を意識しながらやっているんだなあって感じて。聴いているぶんにはよくわからないけど、そういうところが見えたから、素直にそういう感想を持ったんです。堀江さんも田村さんもその時は知らないから、「女性の声優さんが来て、クリスマスソングを歌ってて、これは楽しいことなんだろうなあ」ぐらいで。それで、「じゃあ、次の年から正式にやってね」と言われて、翌年一月の頭からサブ作家に付いたんです」

ディレクターとのコンビネーション

実際に仕事を始めるまで、構成作家という仕事の中身を細かく想像したこともなかった。だからこそ、『深夜の馬鹿力』とは違うアニメ関連の番組でもすんなりと入っていけた。

「まず「パソコンを買ってくれ」と伊福部さんに言われて。「パソコンを買わないと仕事にならないよ」と。でも、まだノートパソコンは高い頃だったから、家にデスクトップのパソコンを買いました。それで、作った原稿を自分のメーラーで送って、文化放送にあるデスクトップパソコンのメーラーで開いて、それをプリントアウトする、みたいなやり方をしていた気がするなあ。最初は言われたことを正確にやっていけばいいやという気持ちで。まずはリスナーが知りたいと思うようなアニメやゲームに関する一週間のニュースを探してきて、それの採用・不採用を決めてもらい、OKになった事柄の文章を作る仕事からでした。番組全体の台本なんて最初は書けないので。そこで、「ラジオは約〇〇という言い方じゃなくて、およそ〇〇にするんだよ」とか、「ですますが続いて単調だから、ここは体言止めにしたほうがいいよ」みたいなアドバイスをもらい……。それが書けるようになると、生放送中の別紙原稿を書くほうにいくんです」

企画の内容説明、紹介するアニメ・ゲームの詳細やストーリー紹介などが別紙原稿にあたる。こうして少しずつ構成作家の仕事を学んでいった。その過程で『深夜の馬鹿力』への投稿もストップした。最後に投稿したのは二〇〇一年七月。送り続けた三年四カ月の間の採用回数は一〇〇〇回を超えていた。

次のステップは『アニゲマスター』内の箱番組だった。二〇〇三年四月開始の『AiMの意外と癒します！』。声優の前田愛のアーティスト名義がAiMで、立ち上げと最初の数回は伊福部がかかわり、そこから大村がメイン作家を務めるようになった。ここまでの過程で、伊福部から細かく指導されることはなかった。

「何か注意されたり、「これはやっちゃダメだよ」、「それは違うよ」と言われることはあっても、直接教えられることはなくて。「これはこうしてね」と言うのはディレクターですよね。僕は未だにディレクターがそれをやってほしいと思っちゃうんです。下の作家に対してちょっとしたアドバイスはするけど、基本はディレクターの役目だと思うし」

ここまで紹介した作家の証言と同じように、やはり大村も作家の先輩から習うのではなく、ディレクターとの関係性から自分なりの形を見出した。

「作家が同じ番組の中に複数いることのほうが珍しいし、複数いた場合も上と下だから。下がメインの台本を書くんだったら、上の人間が教えないといけないけど、そんなシチュエーションは起こりえないわけですよ。別紙原稿の書き方を教える場合はあっても、全体の書き方なんて教えるもんじゃないってみんな思っていますし。徒弟制度があるわけじゃなく、みんな個人事業主ですから。ラジオの作家は少なくともそうですね。テレビはヒエラルキーがあると思いますけど」

大村を指導してくれたのもディレクターだった。『A・iMの意外と癒します！』を担当したディレクターから一番影響を受けた。

「そのディレクターから教わったことが大きいかな。ひとつの指針をくれた人です。「少なくとも俺がやる番組はってことだけど」って先に言うんですけど、「俺やパーソナリティが台本を読んで、〝なにこれ？〟ってクスッとでも笑えるものじゃないとダメだ」と言われたんですよ。できる限り変な企画だったり、変な展開だったりで」

そのディレクターからアニメ『テニスの王子様』と連動した番組の構成作家に指名された。これが今も続く『テニスの王子様 オン・ザ・レイディオ』である。

「番組が始まる前に、「俺はこの三〇分の中に夜ワイドの要素を全部入れたい。コントもやりたいし、音楽もかけたいし、トークもしたいし、ネタコーナーもやりたいから」と説明されて。それで、「お前はまだ三〇分番組の台本を書いたこともないだろうし、最初はそんなにできるわけないから、一人上に作家を置く。でも、いずれその人は外れる。お前をメインにするから」と言われたんです」

こんな風に同じディレクターと構成作家でいくつも番組を作っていることは多い。ある意味で、コンビのような形だ。

「ディレクターの求めるものが作家はわかるし、こういう風に伝えれば、作家はこうやって書くというのが想像できて楽だとか、呼吸……みたいなものができるんですよね。で、ディレクターはそういう呼吸のわかる作家が何人かいるイメージですかね。ずっと同じ人とばっかり仕事はできないし。番組を作るにおいて、ディレクターから「お前じゃなきゃいけない。お前にこういう風に書いてもらいたい」というものをもらって、作家は台本を書くわけです。別のディレクターになったら、別のディレクターにハマる書き方とか、ハマらない表現とか、企画とかもありますから。それはその都度見ながら、やっていきながら。この人にこういう企画はダメなんだというアイディアは寝かせておいて、別のディレクターに当てると、「それ面白いね」となることもあるし」

人の縁が仕事に繋がる。『テニスの王子様』についた先輩作家から「大村って若いよな。若者向けの番組を始めるけど、サブ作家に入らない？」と誘われ、二〇〇三年七月に始まった夜の帯番組『レコメン！』にかかわることになった。一〇月にスタートした『アニゲマスター』

の箱番組『嘉陽愛子《かようあいこ》・集合mode』も担当。気づけば、合計五番組にかかわるようになり、三年目にして「仕事ってこうやって増えていくんだなあ」と実感したという。この段階でアルバイトを辞めた。

その後も、順調に作家生活は続いていく。担当番組はさらに増加。それまでは埼玉の実家から通っていたが、金銭的にも余裕ができ、毎日帰宅するのが面倒になって、都内でひとり暮らしを始めた。この時期にやっと「構成作家でいける」と思えるようになった。

大学がほったらかしになっていたため、「卒業したい」と周りに相談すると、「ちょっと仕事を抑えてみたら」と助言してくれた。そして、二〇〇五年に無事卒業。すると、その直後からたくさんの仕事が舞い込む。ディレクターの繋がりがあったからこそとはいえ、大村は着実にステップアップしており、朝のワイド番組などにもかかわるようになった。「作家としての充実感を感じたのは二〇〇六年が大きかったかなと思います」という言葉の通り、実りの時期を迎えていた。

ただ、いくら仕事がたくさん増えても、自分が「構成作家として一人前になった」という感覚はないらしい。

「それは永遠にないかもしれない（笑）。到達点がない仕事だから。もちろん「これができた。あれができた」ということはいっぱいありますけど、「だからなに？」みたいなところがあるかな。ニュース原稿を書いた。別紙原稿を書いた。その後に、コントみたいなものも書いたし、全然自分のキャラと合わないラジオドラマも書いた。あとは、生放送に来るゲストのアテンドをして、打ち合わせもするようになった。そうやって、いろいろとあれもやった、これもやったということはあるけど、一人前になったという感覚はさすがにないかなあ」

『レコメン!』のパーソナリティは、二〇一二年からお笑い芸人のオテンキ・のりになった。のりは伊集院と交流があり、その関係で番組へのゲスト出演が実現。担当の曜日は違ったが、その日の打ち上げの席で大村は伊集院と再会している。『ホネホネロック』の話も伝えることができた。リスナー時代の話ではなく、同じラジオの作り手として真面目な話ができたのが嬉しかったという。伊集院と直接かかわったのは、その一回だけだ。

頭脳は一つだけじゃダメ

深夜ラジオのリスナー・ハガキ職人という境遇から始まり、伊福部崇に声をかけられて構成作家の道に入った大村だが、現在は深夜ラジオやアニラジ中心にはなっておらず、担当するジャンルの幅は広い。これまで担当してきたパーソナリティの名前を並べても、文化放送でお昼の看板番組を持つ大竹まことのほか、落語家の立川志の輔、アイドルのHey! Say! 7、Berryz工房、乃木坂46、女優の西内まりや、演歌歌手の氷川きよし、お笑い芸人の髭男爵・山田ルイ53世、声優の小野坂昌也、阿澄佳奈、元NHKアナウンサーで医師の吉田たかよしなどバラエティ豊かで、番組の時間帯も早朝から深夜までまちまちだ。

「あんまり人の担当している番組は意識したことがないので、あれですけど、得意ジャンルで増えていくのはどの世界でもそうだと思いますね。スポーツに詳しい人はスポーツの番組をフラれがちだし」

作家の仕事は番組によって大きく変わる。ジャンルによっての違いも少なからずあるが、それ以上にディレクターの方針やスタッフの人数が大きくかかわる。作家がメール選びについて全権委任される場合もあるし、昼間のラジオでは、番組放送中にゲストと打ち合わせをして、そのゲストが出演する時だけスタジオの中に入るようなこともある。台本の中身も当然千差万別だ。

「全部が全部、その番組にカスタマイズされた「これが一番いいね」という落ち着いたやり方になっているはずなので。仕方なく、というのも含めてね。放送局によってもいろいろ違いますけど、「うちの番組はこの放送局の当たり前だと思わないでよ」というのもあるし、「こういうのをやっているのは、この番組だけ、このディレクターだけだから」のもありますから。深夜ラジオについても、「こういう傾向があるかもね」っていうぐらいのものじゃないですか。同じ深夜ラジオと言っても、全然違う作り方をしているかもしれないわけで」

構成作家を続ける過程で、大村はディレクターとの兼任も挑戦している。パーソナリティは二〇一七年に引退したアイドルの嗣永桃子《つぐながももこ》（ももち）だった。

「ディレクターをやって、編集もしましたけど、やっぱり番組はディレクターがいて、作家がいて、パーソナリティがいて……少なくとも三人はいなきゃダメだなってことに気づいたかな、やっぱり。頭脳はひとつじゃダメだなって。今はディレクターが台本を書く最少人数の番組がよくありますし、ももちの番組もやりきりましたけど、よっぽど作家的なセンスや能力、発想があるパーソナリティじゃないと成立しないし、ディレクター側も作家的なセンスや発想を持ってないと成立しないし。それでも、やっぱり頭脳が二つだけだから、あんまり広がりのある番組にはならないなあと」

やはり好き勝手に言う構成作家、それをコントロールするディレクターという関係が理想に近いという。

「ディレクターはディレクションをするので、この方向で行こうと決める。で、それを作家に投げてもらう。作家は好き勝手に言って、ハマるアイディアがあったら、「それだ！」と決めてくれるのがディレクターであって。そのディレクターがパーソナリティにきっちりと方向性を伝えてもらって、で、表現できるような本を作家が書いてという三すくみがいいと思います」

だが、ラジオ界の現状を考えると、その三すくみが作れない場合も増えつつある。

「でも、まだ大丈夫じゃないですか。自分が仕事をできているのを考えると。それで言うと、先に作家がいなくなるはずなので。ディレクターは編集したり、音を入れたりする仕事があるから、そっちが消えることはないですし。生放送だったらと考えても、作家がキューを振るというのはレアケースすぎるので、まだ大丈夫かなって」

大村はパーソナリティも経験している。インターネットラジオで『ドカベンアイランド』という番組を六年間にわたって放送していた。

「『ドカベンアイランド』は〝おもしろ〟でやってましたけど、喋り手の気持ちが少なからずわかったところはあるかなあ。トークの内容とかじゃなく、「このタイミングで耳元に何か言われると、喋りが止まっちゃうなあ」とか、「カンペを出されるってこんな感じなんだ。変なタイミングで出されると、こんなふうになっちゃうんだ」とか、喋り手の気持ちはわかったところはありますね」

番組ではかつて自分が伊福部崇に抜擢されたように、若い作家志望者を引き上げてきた。

「みんな「なりたいんです」と言って来て、「じゃあ、いいタイミングがあったら、下に付いてもらうよ」って言ってて。全員そんな感じかな。意図的にそれはするようにしてました。自分の場合は最初、正式に番組からお金が出てたけど、今はその余裕がなくて、「下に付けても、払うお金はないよ」みたいなことが多くて。そういう時は「じゃあ、僕の分を一部削ってでもいいから、入れてください」っていう形にしています。以前、下に付いてくれた子もみんな三十路だし、今は全然下って感じがしないんですよ。僕に刺激がないんだよなあって。男でも女でもいいから、二〇代前半の作家と出会えないかなあってここ数年ずっと思ってます。若い人が若い仕事をしないと。いつまでもできてしまうんです。ニュース原稿だって、別紙原稿だって、僕が書こうと思えば書けるんだけど、バトンを渡さないとなあって」

作家になって一六年が経ち、様々な環境が変化してきた。年齢的にはそれを一番実感している世代かもしれない。

「大学に通っている頃は八王子にある大学のキャンパスまで行って、何時から打ち合わせだから、授業の返事だけして、四谷に戻るみたいなことをしてました。今なら授業中にLINEをして会議が成立するかもしれないなあ。というか、それでいいよっていうディレクターが今だったらいるかもしれないです。そこは大きな変化ですよね。最初の頃はハガキボックスがありました」

それが徐々にメールが増え、一気に逆転し、今やハガキ投稿は風前の灯になりつつある。

「昼のラジオをやってても、当日のメールテーマを発表すると、六〇代の人がメールで送ってきますからね。歳を取っている人がメールを出せないなんてこともないなと。僕がデスクトップのパソコンを買って一五年になりますけど、最近は「若い人がパソコンを使えない」なんてニュースがあったじゃないですか。こんなところまで来ちゃったかと思いますよね。何が一番大きく変わったかと言ったら、連絡手段だと思いますけど、番組の作り方はそんなに変わってないです。まあ、番組への参加の仕方は変えようがないよなあって。radikoのタイムフリーで聴けるようになっても、生放送に対応できる人って、その時間がちょっとお手すきな人じゃないですか。ツールが変わろうと、その状況は変わるわけじゃないから」

台本が正しいとは限らない

radikoのタイムフリーなども始まり、SNSやネットニュースが一般的になった今、情報が広がるスピードは速まる一方で、ラジオの出来事もすぐに共有され、消化されてしまう。様々なジャンルの番組をやっているゆえに、今の状況で「やり尽くされた感」はないのだろうか？

「本当は面白い革新的な番組や企画だったのに、終わっちゃったものが山ほどあるんじゃないかって。早すぎた番組……早すぎるという表現が合っているのかわからないけど、感覚が時代とマッチしなくて終わっちゃった企画はあるだろうなって。それは確かに「やった」かもしれないけど、「やり尽くした」わけではないから。温故知新というか、新しいもの、新しいアプローチの仕方を考えながら、本当はもっとうまくやれたものとか、当時思いついていたけど、その頃の技術ではできなかったこととかで、今ではできることが絶対あると思うから。やり尽くされた感まではしないかなあ」

逆に言うと、今はラジオの魅力を打ち出すのに、いいタイミングなのかもしれない。

「パソコンが使えない若者がいるっていうのは逆にチャンスなような気がしてて。数年前に、番組の中でラジオドラマをやったら、「こんなの初めてです」みたいなメールが来て、ラジオドラマっていう手法自体が今はそんなにないなあって。『あ、安部礼司』（TOKYO FM）みたいのはあっても、突然、ワイド番組の中でちょっとドラマやるとか、二時間の中で一〇分ずつのドラマを前後編でわけてやるとか、それはやってないなあって。一周回ってとか、一周しているけど今の技術だともっと面白くできるとか。そういうことはあるような気がするんです。今は煩わしくなくできたり、スマートに聴かせられることって絶対にあるので、見つけられないかなあって。日曜日に文化放送でやっている『阿澄佳奈のキミまち！』はリクエスト番組ですけど、リクエストをやっている番組自体少ないし、そこに意味を見出したいなと思ってます。リクエストもなにか新しい感覚を与えることができると思うんで」

では、そんな大村が思う構成作家のやり甲斐について聞いてみよう。

「やり甲斐を感じるのは、ゲストが来たとして、台本に「この人はこんなに面白いトピックがありますよ」といくつも書いたのに、二行ぐらいしか使われない時。たった二行のエピソードだけでそのコーナーが終わっちゃうみたいな時が、うまくいったなあと思います」

構成作家は番組にゲストが出演する際に、事前に情報を集めて整理して、それを台本に落とし込む。番組や作家によって形は違うが、細かいやりとりを想定して文章にする場合もあれば、ザックリとした流れを書く場合もある。しかし、それをはみ出した時にこそ、大村は面白さを感じている。

「こんな風に質問したらきれいですよね、みたいな書き方はしておくんですが、そうじゃなくて、プロフィール欄に書いた「家の間取りを見るのが好き」という要素だけで話が弾んでそのコーナーが終わったら、それが一番の大成功で。台本なんかに頼らないで、パーソナリティとゲストが盛り上がるのならそれが一番いいことだし。でも、台本なんて見なくていいというわけじゃなく、「間取りを見るのが好き」と書いたことが大事なので。最小で仕事をした、みたいな。そっちのほうがいいかなあ」

話の流れを想定して準備しておくけれど、必ずしもその通りに行くとは限らない。でも、〝結果的〟に面白くなれば正解。これは物作りにおいて一つの真かもしれない。

「ディレクターでも同じような人がいます。自分で流れを考えてたのに、生放送が始まって、パーソナリティの喋りを聴きながら、「いや、これはもう曲はここじゃないな。うしろに回しちゃえ」って。「じゃあ、この部分はどうするんですか?」と確認したら、「メールが来たら、その時に決めるよ」みたいな。うわー、すげえなって思いました。生放送は特にそういう作り方をしたほうが面白いし、やったなあという感じがするし。パーソナリティのテンションが上がる。リスナーのテンションも上がる。スタッフも凄い笑っている。そんなところに尽きるのかなあ、やり甲斐は。自分が書いた台本がどうだってことよりも。まあまあ、キッカケの一端になっていればありがたいし、なってなくても、みんなで何か笑えているだけでいいじゃんていう」

あんなにヒマだった時間に意味を作ってくれた『深夜の馬鹿力』も、結果的に面白くなれば正解になる瞬間が魅力の一つだった。一見、徒労に終わっただけに感じるが、そこにこそ構成作家の面白さはあるのかもしれない。

「基本的には壮大な時間を割いて調べて書いたものなのに、「ここかよ。ここで盛り上がるのかよ」みたいな風にも思いますけど、でもそれを調べた時間で自分が詳しくなっているから、全然損はしないし。収録だと難しいんだよなあ。収録には収録の良さがあるけど。無尽蔵に録れてしまうし、録れてしまったがゆえに困ったり、長く回したからこそ引き出せた面白いところもあるし……。何とも言えないけど、やっぱりラジオは生なんだなあ」

7　アニメ・声優との真剣勝負

長田宏に聞く

この章では深夜ラジオから少し脱線し、声優のラジオ番組について掘り下げてみたい。

日本において声優という仕事が生まれたのは、ラジオドラマがキッカケだ。当初は「俳優にとって一つの仕事」でしかなかったが、映画や海外ドラマの吹き替え、アニメのアフレコなどが一般的になり、徐々に認知されるようになった。

ここまで紹介してきたように、深夜ラジオとも少なからずかかわりはある。六七年からTBSラジオで『野沢那智・白石冬美のパックインミュージック』……通称・ナチチャコパックがスタート。一五年も続く超人気番組となった。ただ、この時点でも「俳優」というニュアンスが強く、九〇年代まで「声優」と呼ばれることを嫌がる人も多かったらしい。

また、藤井青銅の話に出てきたように、八〇年代にはオールナイトニッポンでアニメに関連した特番が何度も放送されている。声優を起用した生ラジオドラマが行われた回もあり、『手塚治虫のオールナイトニッポン』、『石ノ森章太郎のオールナイトニッポン』なども実現した。

それ以降で言えば、『林原めぐみのHeartful Station』は一時的に伊集院光らと並び、『金曜UP'S』の枠で放送されていた。また、國府田マリ子は文化放送の深夜ラジオ『Come on FUNKY Lips!』の月曜日を担当し、TBSラジオの「UP'S」でも、ニッポン放送の「オールナイトニッポン」でも単発でパーソナリティを経験している。そして、近年の文化放送の深夜ラジオには常に声優がかかわっている。

声優のラジオ番組の特徴は独自進化を遂げてきた部分にある。アニメと連動した番組が増えたことから〝アニラジ〟と呼ばれるようになり、九〇年代後半には『アニラジグランプリ』という専門誌が刊行されていた。地上波しかなかった当時ですでに番組数は地方局を加えると一〇〇を超え、一人の声優が四、五番組のパーソナリティを務めることもしばしば。お笑い芸人、アーティスト、アイドルなど他の職種を見ても、この現象はとても希有なことである。

二〇〇〇年代になると、WEBラジオがスタート。ゲームやアニメと親和性があったため、ここでも独自に進化していく。お笑いやアーティスト系をよそに、声優・アニメコンテンツに特化したWEBラジオ局が多数誕生。ここでも他のジャンルでは考えられない状況を生み出した。

声優の冠が付いた一〇年以上続く番組がたくさんある一方、アニメと連動した一クールの番組もあり、現在は数百の番組が常に放送されていて、一年間で二〇〇番組程度が入れ代わっている。それだけ番組数があるため、ラジオに限定した男性同士、女性同士、男女といったパーソナリティの組み合わせも多数あり、ある意味、そこから漏れてくる声優同士の人間関係を楽しむニュアンスもある。

今やほぼ一〇〇%の声優が何らかのラジオを経験しており、他の職種ではありえないほどラジオで喋る機会がある。ある程度のキャリアがある声優には、二〇~三〇番組も経験している者までいる。

ラジオCDや主題歌CD、番組連動のDVD、グッズの制作、イベント展開などが積極的に行われ、ノンスポンサーでも成立している番組が多い。中にはさいたまスーパーアリーナでイベントを行う番組まである。

さらに、音声だけのラジオから簡易動画付きのラジオに、そこから今度は動画配信のバラエティ番組にと徐々に切り替わってきている。動画サイトでアーカイブを有料配信したり、そもそもラジオ局では放送しておらず、動画サイトでの有料配信が主になっているものも増えてきた。そんなスポンサーありきではない番組の作り方は、ある意味、広告収入の減少が続くラジオ界において、一歩先を行くビジネスモデルと言えるのかもしれない。

生放送は少なく、三〇分~一時間の収録番組が主流。そのため、構成作家も他のジャンルとは違い、一人で担当する番組数も段違いに多い。人によっては同時に二〇番組近く担当していることもある。

そんな独特なアニラジ業界にかかわる構成作家も、伊福部崇や大村綾人の話からわかるように、元々は普通のラジオ好きだった人が多い。この章の主役・長田《おさだ》宏《ひろし》は普通……どころか、行き過ぎたほどのラジオ好きで、リスナー時代は深夜ラジオにドップリと浸かっていた。彼の証言から、また違った角度でラジオ界を見てみたい。

すべての番組を聴く少年

一九七七年生まれの長田は大阪府出身。ラジオに目覚めるのは早かった。

「赤子の頃から寝ない子だったので（笑）。小学生の頃から一時や二時ぐらいまで平気で起きてました。メチャクチャ活発な子だったんですけど、寝ない子だったんです。家にあるマンガは全部読んじゃったからヒマだし、でも眠れないから、新しい何かがほしかったんでしょうね。あんまり子供にものが与えられない家だったんで、何か自分でやらないといけなかったから、ラジオが格好のエサだったんです（笑）。マンガの他に何かないかと思ったら、ラジオがある。つけてみたら、誰かが喋っている……みたいな。だから、番組関係なくラジオを聴いてました」

長田家は子供を甘やかさないのが教育方針だった。父親の「人間は生活水準を変えるな」という教えのもと、ほしいものがあったら、親に自らプレゼンをして交渉するしかなかった。定額の小遣いをもらえるようになるのは、かなりあとの高校生になってからである。

両親に隠れてこっそり起きている深夜に暇を潰すものなんてねだれない。必然的にラジオだけに没頭していく。部屋にラジカセとイヤフォンで聴く携帯ラジオはあったが、それに関する知識は皆無。放送局の周波数も知らない。まだデジタルチューニングはなく、アナログのつまみを少しずつ回しながら、闇雲に放送局を探した。

「そうしたら、たまに夜、タレントさんが喋っているなと気づいて。誰を強く認識したんだろう……？　本当に適当に探している感じだったんで。どの周波数がどの局かもわかってなくて、そもそもチューニングが何なのかも知らなかったですし、別に新聞のラテ欄を見る概念もなかったですし、番組表を知っているわけでもなければ、友達からの噂もないし……とにかく何もない（笑）。自分で勝手に家で聴いてたのが一番最初でした」

当時、テレビは一家に一台が普通。長田の部屋にはなかった。偶然見つけたラジオは言わばオモチャのようなもので、時間をかけて楽しみ方を開拓していった。今のようなインターネットはないから、調べる術はない。実際に番組を聴き、心の中にある自分だけの番組表を作っていった。

「知らないおじさんＤＪが喋っているような番組から、朝に流れる宗教の番組とかまで聴いていました。とにかく朝から晩まで全部聴いて、ああ、面白いなあって。でも、よかったです。ものを与えられていたら、ラジオにはいってなかったかもしれないので。新規開拓しかなかったので、とにかく楽しめました」

住んでいた場所からクリアに聴けるのは主にラジオ大阪（ＯＢＣ）、ＫＢＳ京都、ラジオ関西（一時期はＡＭ　ＫＯＢＥと呼ばれていた）の三局のみ。毎日放送（ＭＢＳ）ですら入りが悪かった。兄から貴重な情報を聞き出して、小学生にしてオールナイトニッポンも聴くようになる。関西地方でもＯＢＣやＫＢＳでネットされていた。ジャンル関係なく聴いていたことから、この頃に、声優・アニメ系の草分けである『mami の RADI かるコミュニケーション』にも触れていた。

情報がないままとりあえず聴いて、自分に合う番組を探す〝一期一会〟の感覚はまだ九〇年代には色濃く残っていた。たとえ、新聞のラテ欄の存在に気づいたとしても、裏番組の評判や中身を知る方法はほとんどなかった。実際に聴いてみて確認するしかない。最初に聴いた番組が面白いと感じたら、裏番組と比べることもないまま、そのまま聴き続けるようなこともあった。

「一つ番組を知っちゃうと、他には目がいかないですし、愛着も湧くし、チャンネルをいじれないですよね。ラジオってザッピングが厳しい文化だと思います。テレビよりも愛着が湧いちゃいますから。耳元で喋っているわけですからね。そういう感覚もありつつ、中学生ぐらいになると、ガッツリと開拓が終わっていました（笑）。地元で聴ける番組はだいたい把握しているみたいな」

アニメを聴くという初体験

中学生にして深夜三時まで起きているのが当然になった。思春期を迎えても、長田は寝なくても平気だったから、学校を欠席することも少なく、ほぼ皆勤だった。深夜はオールナイトニッポンの独壇場だった。長田も他のラジオリスナー同様に、その面白さにハマっていく。

「最初はまだ小学生だったと思います。ウッチャンナンチャンの喋りがラジオで聴けるなんてと衝撃を受けたんですよね。そこから、ナイナイさんぐらいまではずっとです。たけしさんは聴けてないなあ。曜日という概念は認識してなかったんですけど、電気グルーヴも二部時代から聴いてました。中学で朝五時まで起きてたのか（笑）。小遣いがもらえなかったから、どうやって録音しておくかが勝負でしたね。福山雅治さんも、松村邦洋さんも、裕木奈江さんも聴いて。九三年ぐらいからさらに加速してます。まさしく全部聴いてました。こういうことだけを喋る番組がやれればいいのに（笑）」

印象的な番組として挙げたのは、ウッチャンナンチャンと中居正広のオールナイトニッポンだ。

「一番覚えているのが、『笑っていいとも！』がハワイで放送した時（九〇年正月）に、『ウッチャンナンチャンのオールナイトニッポン』もハワイからやってるってことだったんですけど、翌週に「嘘でした。スタジオでやってました」って言ってたことで。放送中に電波が混線して、放送事故が起きて、「しばらくお待ちください」みたいなフィラーが流れたんですけど、それもネタだったと。めっちゃ面白いなあって。あと、ウッチャンナンチャンがマンガの『ジョジョ（の奇妙な冒険）』好きで、よく話していたので、それが嬉しかったんです。テレビでジョジョの話なんてしないのに、ラジオだとしてくれるんだって」

『中居正広のオールナイトニッポン』は九三年秋から一年間放送していた。まさにSMAPがトップアイドルに駆け上がっていた時期の番組だ。

「僕はSMAPについて詳しくなくて、中居くんから先に知ったんです。ある日、テレビでSMAPを見た時に「あっ、中居くんだ！」と思ったぐらいで。だから、中居くんだけはちょっと目線が違うんですよね。SMAPじゃなくて、ラジオの愉快なお兄さんのほうを認識しているんで。あれって凄く親近感が湧きますよね。皆さんそうでしょうけど、ラジオで喋っている人たちをテレビで見る時は、目線が変わっちゃってます。ラジオの一番いいところはたぶんそこだと思うんですよね。内面までその人のことを知ることができるので。まあ、それを知るために聴いている部分もあるんでしょうけど」

ちなみに、伊集院光直撃世代だが、長田はまったく触れていない。オールナイトニッポン二部時代にはその存在に気づかず、『Oh!デカナイト』はおろか、TBSラジオに移籍してからも聴かないままだった。

「伊集院さんは東じゃないですか。入らないんですよ。周波数が一一三四の文化放送も入らないんです。KBSの一一四三があまりにも強くて。だから、東のラジオは夢の世界でした。のちにいっぱいやっていることを知るんですけど。もし触れてたら、絶対聴いてただろうなと思います。TBSは九五四という周波数を知った上で探さないとなかなか聴けないんで。自力で何とか見つけたんですけど、関西からだと本当に一ミリ単位でチューニングをずらさないと聴けないんです。ラジオの向きまで考えて」

片っ端から聴いていたラジオの中には、声優のものも含まれる。九〇年代前半は林原めぐみや國府田マリ子が冠番組を持つようになり、文化放送を中心にアニラジという括りが生まれつつあった。また、地方局でもアニメ関連の独自番組が生まれており、大阪圏内でもいくつか番組はあった。この流れは加速していくことになる。

「中学時代、アニラジは一〇個もなかったはずです。『青春ラジメニア』（ラジオ関西）は聴いていました。この番組はいまだに現役でやられていて、アニソン曲をフルコーラスで絶対にかけるっていうポリシーでやられています。知らない曲ばっかりだったので、ここでだいぶ覚えました。のちにアシスタントの南かおりさんと仕事をすることになるんですけど、ラジメニアではイントロ紹介はありませんが、南さんはイントロが五秒であろうが、三〇秒であろうが、トークや曲紹介を完璧に収められる関西MCタレントさんとしてはトップクラスに凄い方です」

前述した通り、厳しい家に育ったため、CDを買うこともままならなかった。そんな中で、アニメソングのみとはいえ、一曲をフルコーラスでかけてくれる『青春ラジメニア』の存在は大きかった。

「高校になったら、ラジオが好きな友達が増えて。未だにつるんでるんですけど、その一人が國府田マリ子さんのファンで、ライブに連れて行かれたことがありました。最初は「別にライブとかいいんで」って言ってたんですけど、実際に行ったら、「めっちゃいいやん。これぞエンターテイメントだ」と感動でした。トークだけでなくライブの腕っ節もある方なんだなと。林原さんと國府田さんの存在は時代を作ったという意味で大きいでしょうね。林原さんのラジオも面白かったです。今の時代とはまた違うラジオパーソナリティという感じで、ハガキを持ちながら、自分で選んで読んでいる感じが出ている方ですよね。今の声優さんたちにはなかなかやれないと思います」

同時にラジオドラマにも触れる。声優の冠番組が増える前に、まずアニメ関連のラジオドラマに注目が集まっていたのだ。

「ラジオドラマが増えてきてたんで、凄いなあと思って聴いてました。「こんなことができるんだ。アニメを見ているようなもんじゃないか」って。新しい気持ちで聴いてました。覚えているのが、『ロードス島戦記』のラジオドラマもやっていて。のちに作者の水野良先生と一緒に仕事をするので、そこに感動があるんですけど、まだ当時の僕は『ロードス島戦記』の小説を知らないんです。その後に友人に借りて全巻読んだんですけど、メチャクチャ面白いファンタジーものでした。その頃、声優さんやアニメ関連の番組はたくさんあるカテゴリーの一個として把握してました」

基本は午後一〇時頃から朝まで聴くスタイルだったが、たまにちょっと早い時間から聴いてみては、雰囲気が違う番組を見つけて驚いていた。ラジオを聴いているとは学校で堂々と言う相手もおらず、あくまでも密やかな趣味だった。

「聴くだけで投稿はしなかったです。投稿なんて恐れ多い。家族も僕が朝までラジオを聴いていることを知らなかったです。万が一、投稿したことで深夜までラジオ聴いているのを知られたら、怒られてそうですね」

無駄な時間に意味はあった

ラジオと同じように、マンガ好き、ゲーム好きだった長田は、趣味を堪能しながら高校、浪人（一年）、大学と時間を過ごしていく。ただ、すぐには「ラジオ関連の職業に就こう」とは考えなかった。

「高校生になって、聴く番組も増えていくわけですよね。アニラジも増えていくし。進路を決める時期になった時は、友達と「面白おかしくやれたら何でもいい」なんて言ってました。別に声優に憧れるとか、タレントに憧れるということは一ミリもありませんでしたが、ラジオが仕事になったらいいなと大学生ぐらいにはちょっと思ってました。でも、結局、ゲーム業界を志望して、SEGAの入社試験を受けて。おそらく最終選考で落ちました。確かSEGAしか受けなかったかな？　面倒くさがりだったので」

当時はプレイステーション、セガサターン、NINTENDO64と新たな時代のゲーム機が出揃った時期で、ゲーム業界が活気づいていた。

「当時は変わり種のゲームがいっぱい出たじゃないですか。そういう時に、「企画やプランナーだったらいける！」と思ってて、高校の頃から友達とそういうことを勝手にやってたんです。三つのワードで物語を作るとか、勝手に遊びでやっていて。「これだったら、やれるな。楽できるしな」みたいな（笑）。それで受けたんですよね。他の選択肢の一つがラジオで、いつかはやってやろうと思ってたんですけど」

ただ、ラジオのスタッフがどんな仕事をしているかは何も認識してなかった。実にちゃらんぽらんに、漠然と考えていたに過ぎなかった。

「ラジオを仕事にすると言っても、かかわれたらいいなってだけで、具体性は何もないです（笑）。根拠もなく、やれる気でいたんで、適当なヤツですよね。構成作家もあんまり認識してなかったです。「ゲームを取り上げるラジオ番組もあるし、ゲームとラジオって繋がってそうだな。一緒だな」みたいな（笑）。確かなビジョンなんてなかったです。そういう中で、大学生活の最後にゲーム業界を受けて、落ちてしまったと」

浪人時代を含めた五年というモラトリアム期間を長田は満喫した。将来のことは気にせず、ラジオやゲーム、マンガ、映画など趣味にすべての労力を注ぎ込んだ。時間は有り余るほどあり、特に雑誌はエンタメ系のものをほとんど読み倒していた。気の合う友達にも恵まれて、ある意味で充実した時間となった。

エンターテイメント系の仕事に就いた時に力になるのは、意外と仕事に繋がるなんて考えずに、ただただ夢中でやっていたことだったりする。長田にとってもこの五年間で培った知識がのちの仕事に多大な影響を及ぼした。ただ、それはあくまでも結果論。日の目を見ない場合がほとんどであるのもまた事実である。だからこそ、長田の心を占めているのは「五年間を無駄にして回り道をした」という後悔だ。

「言うならば五年間を棒に振ってるんですよね。何もしてないんですから（苦笑）。ただ放牧されているだけで、今思えば、無駄中の無駄な五年間を過ごしてたなと。後悔しかないんですけど、でもそこが今の石油の埋蔵量に繋がっているんで、難しいもんだなと思うんです」

結局、仕事が決まらないまま大学を卒業。そのままではさすがにまずいと思い、「テレビ系かラジオ系の仕事に入らなきゃダメだ」と決意する。そして、求人雑誌を読み漁っていると、「毎日放送のお仕事です」という記事を見つけた。「毎日放送だ。ラジオがある。よし、とりあえず大丈夫だ」と躊躇なく求人に応募した。

ラジオへの道はまだ遠い

求人を募集していたのは、毎日放送の制作会社だった。しかし、待てど暮らせど反応はない。思いあまって自分から連絡してみたが、帰ってきたのは「履歴書は届いてません」という言葉。

いても立ってもいられず、家を飛び出して、直接会社に突撃することにした。

「いや、本当に切羽詰まってましたから（笑）。大学をもう出てたし、追い詰められていたんで、仕事をしないと世間的に怒られますし、うちのオヤジはバリバリ仕事をしているんで、あんまりフラフラしてられない状況でした」

会社に行ってみると、やっと事情がハッキリした。どうやら自分の履歴書が他の人間のものに張りついていて、見落としていたらしい。諦めずに「何か仕事をさせてほしい」と頼み込んだところ、「今日はここまで来てしまったんだから、とりあえず明日も来てほしい」と言われた。そして翌日、「こんなことがあったんだから、君は何か持っているのかもしれない」と社長から鶴の一声がかかり、ひとまずテレビ番組のADとして働くことになった。

「いきなり現場に放り込まれて、テレビのADになりました。半年もいなかったんですけど、本当に地獄でした。あの頃のことは忘れないです。全員お礼参りに行きたいです。いい意味で（笑）。理不尽なことも多かったですけど、それゆえに収穫も多かったと思います。あと、人は立場を見るんだなと。個人の人間として判断するんじゃなく、新ADだっていう判断で、雑な扱いもされ倒しました。ムチャクチャ言われるし、しばかれるし。いい人もいましたけど、やっぱりテレビは真剣勝負というかピリピリした現場で、大変なことが一杯でした。個人的には楽しさは一切無かったですね。過酷さだけを学びました」

寝ないでも大丈夫な長田にとっても苦しいこと続きで、心の中には「ラジオがやりたい」という気持ちが膨らんでいた。そこで、ある行動に出る。とにかく理由を見つけては、別の階にあるラジオフロアに足繁く顔を出したのだ。

「毎日放送にはラジオフロアがあったので、何かのおつかいや用事がある時に、無理矢理にラジオフロアに行くという（笑）。で、行ったら、短時間で人を探して、「どうも！　ラジオが大好きで……」みたいに話してちょっかいを出してました。なるべく少ない隙間から、話せる人はいないのか？　どういう現場なのか？　それを探っていく……テレビの皆さんには申し訳ないけど、アルカトラズからの脱出に近い（笑）。脱出のために少しずつ道具を集めるみたいな」

だが、そんな状況は突然終わりを告げる。五カ月後、携わっていた帯番組の予算が一律でカットされることになり、そのしわ寄せが一番下の長田に来たのだ。そもそも給料はほとんど出ていなかったが、クビを言い渡された。抜け出せてホッとした気持ちはあったが、その矢先のことだ。

「制作会社の社長に「お前はどうするんだ?」と言われて。「いや、まだ僕の目的は完遂してないので。何かさせてください」と。それで、映像管理センターの仕事に行くことになりました。毎日放送のVTR素材が全部そこに集まってきて、それをチェックするのが仕事で。「この人のインタビューを昔やったから、その映像を使おう」みたいに映像の貸し出しとかありますよね？　それが仕事で」

九〇年まで使われていた旧社屋が職場で、最寄り駅は梅田近くの賑やかな茶屋町から、二〇キロ近く離れた吹田市の千里丘に変わった。気分は『ショムニ』か、はたまた『半沢直樹』か。左遷同然だった。

「みんなのんびりしていて、休憩を取ったり、ネコにエサをやったりして過ごしていて、それで夕方には帰るみたいな感じでした。でも、そこが結構面白くて働きました。チェックする映像は一日数本ぐらいがノルマなんですけど、その三倍ぐらいはやったかな。一日中映像を見てました。テレビのADに比べたらよっぽど楽に感じて」

クビの皮一枚で業界とかかわっている状況だったが、ラジオとはほんの少しだけ繋がっていた。旧社屋には関西で一番大きいスタジオがあり、ラジオドラマの収録に使われていたのだ。長田はここでもラジオクルーに話しかけ、営業をかけた。

そんな長田を職場の主任は高く評価した。もともと女性ながらテレビプロデューサーをやっていた人であることは後に知った。「これだけ仕事をやるんだったら、もっと他の場所で何かをするべきだ」と会社に進言してくれた。

主任の後押しもあり、制作会社の社長と改めて面談する機会が生まれた。そこで長田は「ラジオの仕事がしたい」という思いを伝える。とにかくラジオの現場に入れてほしい。そこからは自分で何とかする。そんな風に訴えると、社長は「二カ月経って、仕事が取れなかったら、それで……死ね」と言葉は辛辣ながら愛のある提案してきた。長田は「十分です」と即決したという。ADを始めてからわずか九カ月。巡り巡ってやっとラジオ業界の入り口に立った。ちなみに、その旧社屋は二〇〇七年に閉鎖され、跡地にはマンションが建ち並んでいる。

「できます」から始めよう

二カ月間限定という追い込まれた立場だったが、すでに長田は戦う準備ができていた。

「小学生の頃からラジオを山ほど聴いているんで、蓄積だけは無駄にありました。あと、テレビのＡＤ時代から出入りして、いろんな人を見ていたので、この人にはこうすればいいとか、こうやれば仕事を取れるというのをある程度把握していたので、二カ月で何本か仕事を取ったんですよ。コーナーのアイディアやお題を持っていって、スケッチブックに全部書いて、オチまで付けてプレゼンするとか」

この時点で長田の経験はテレビでのものしかなく、ラジオのスタッフとしてのキャリアはゼロだった。だが、回り回ってラジオの現場に来たことが運よくいい方向に転がった。

「専門学校を出てきた人ならただのＡＤからスタートなんですけど、僕はよくわからないけど、現場にスッと入ってきて、「どうも！　仕事ありますか？」みたいな感じだったんです。この「よくわからないけど、突然ラジオに来た人」となると、周りが雑な扱いをしない現象が起きて。それで、「じゃあ、こういうことできる？」って言われたら、「できますよ」って。絶対に「できない」とは言わない（笑）。「中継ディレクターの仕事があるけど？」と言われたら、「できますよ。テレビでやってたんで」ととりあえず言い、その後に見様見真似で必死に覚えて、みたいな」

「構成作家になりたい」、「ディレクターになりたい」なんて選択肢を選べる立場ではなく、中継ディレクターやサブの構成作家といった仕事からスタートした。ここで、仕事を限定しなかったことが、のちのち長田の仕事方法に繋がってくる。こうして、ギリギリのところで踏ん張りながら、口八丁手八丁でラジオ界に自分の立場を作っていった。

長田の立身出世の物語はこれで終わらない。まずＫＢＳ京都に出入りしている知り合いを介して話をつけ、勝手に現場見学に行き、「仕事ないですか？」と営業をかけて、他局でも仕事をするようになった。MBSでは、あの『青春ラジメニア』の南かおりの番組にもかかわった。担当する番組が増えたことによって、東京収録の番組も出てきて、出張が増え始める。

「あとは東京で仕事を取るだけだ。部屋を借りて、住所があれば何とかなるもんだろう」と考え始める。時期は二〇〇〇年代初期。WEBラジオの誕生によって、声優がパーソナリティを務めるアニラジが増えてきた時期だった。

「アニメもいっぱい見てましたし、そう言えばアニラジもあるなと。今だったらいけるんじゃないかなって。面白く作れる材料は自分の中にあるかなと思ったんです」

思い立ったらすぐに動く。まずは毎日放送内にアニラジ系に通じている人間を探した。まず文化放送に「これだけ番組をやっています」と営業をかけたが、関西からポッと出て乗り込んできた得体の知れない人間と思われたようで、門前払いされた。

改めてツテを辿り、ラジオ大阪のアニラジ枠『1314 V-STATION』で当時プロデューサーを務めていた兼田《かねだ》健一郎《けんいちろう》と会うことができた。

「会いに行って、「仕事ないですか?」と聞いたら、この枠の作家には諏訪（勝）というのがいて、ここは伊福部がいて、みたいな説明を受けて。今は同じ人たちが担当しているんだと知って、逆に可能性はあると思いました。そこで、東京でラジオ大阪などの番組を作っている天野《あまの》（孝之《たかゆき》）ディレクターを紹介してくれることになって。「彼に会ってみれば?」と」

そこで、紹介してもらった天野を訪ね、収録を見学することになった。

収録していたのは、『マジキュー　ラブラドールリボルバー』。エンターブレインから刊行されていた雑誌『マジキュー』が提供するラジオ関西の番組だ。パーソナリティは声優の新谷《しんたに》良子《りょうこ》で、二〇〇四年春にスタートした。長田が見学に行ったのは始まってからまだまもない頃だった。

「偶然にも、適当にラジオをつけた時、この番組の初回を聴いてたんです。で、「新谷さんって知ってる。この人の番組とかやりたいな」なんて言っていた方といきなり会えてたので、凄いなあと思いました」

長田はことあるごとにその天野ディレクターと連絡を取り、「何か仕事があったら紹介してほしい」と自分を売り込んだ。見学にも数回行ったが、大阪からの交通費はすべて自腹だった。スケジュールが合わず、そのまま大阪に帰ったこともある。苦しい足踏みは半年近く続いた。

長田は他の人間にも当たろうと、始動したばかりのWEBラジオ局・音泉を立ち上げた、やまけんにも何度かコンタクトを取った。こちらも進捗しなかったが、ある日、オファーが舞い込む。『スーパーダッシュステーション　中原麻衣と金田朋子の熱ラジ。』という全六回の番組だった。

「しっかりと一本やるという意味では、そこがスタートじゃないですかね。「全部やれるんで、ディレクターと構成作家の両方一人で十分です」と言って。意外と高評価をいただいたみたいで。そうしたら、全六回の終盤に、やまけんさんから「今日から新番組があるんだけど、できる?」と話しがあって。「新谷良子さんと水野良さんがパーソナリティなんだけど」と言われたんで、「できますよ」と」

番組名は『水野良Produce　りょーことゆーなの　G☆A☆』。アニメ、マンガ、ライトノベルなどで展開されていたコンテンツ『ギャラクシーエンジェル』関連のラジオ番組で、水野はこの作品の総監修を務めていた。

かつてハマった『ロードス島戦記』の作者と、以前に会ったことのある声優が喋るラジオ。運命的なオファーだったが、問題は時間の無さだ。オファーを受けたのは一二時で、番組収録が始まるのは一七時。わずか五時間で、台本を書き、コーナーを作った。どんなオファーでも「できません」と言わない行動力で、長田は番組を成功させた。〇が一になれば、あとは同じ方法を繰り返していくだけ。仕事は着実に増えていく。そんな過程で、活動の拠点も東京に移している。

「辞めたいと思ったことは一ミリもないです。エンターテインメントってそういうもので。やりたくてやっているわけですから、携われるだけで幸せっていう話で。夢の世界にいるわけですから。ラジオを聴いていて、いつかはラジオの仕事をやりたいと思っている人がどれだけいるんだと。それでやれているわけですから。そもそもうちら地方組からしたら、東京にいるだけでも大変なことなんですよね。地方にいたら、仕事をもらえたり、チャンスが降ってくるなんてことはないですから」

就職に失敗した大学生が東京で仕事を得るまでの物語はとてもドラマティックだが、とにかく自分から動いて、話を振られたら「NO」と言わない姿勢は他の構成作家とも共通している。

「いろんな業界でも見ますし、ラジオ業界でも見ますけど、人によってはのんびりしていて……。でも、自分から取りに行かなくちゃ。何もしてなかったらチャンスってこないんで。口を開けて待っているだけじゃダメです。野球選手もそうですけど、出番を待つ間も、普段から素振りをしたり、監督の前でバットを振ったりして、陰の努力をしてアピールするわけじゃないですか。どの業界でも自分でアピールしないと」

そんな過程を潜り抜けてきたからこそ、今は若いスタッフにもどかしさを感じることも多い。「若い作家が「どうやったら仕事を取れるんですか？」って聞いてくるんですけど、「いや、知るか！」って（笑）。「自分で考えろ」って、愛を持って思うんです。だって、今のこの業界内にいるだけで勝ちだと思うんですね。この業界に入れてないから、どう入っていくかが問題で、それに関してならできる助言もあるかもしれませんが、いざその世界の中にいるなら、やるだけだろうと。自分が持っている技を使って、やれることはいくらでもあるし、そういう人に仕事を任せたいですよね……って言いながら、そんな長田は大学生をダラダラ過ごしていました（苦笑）」

現場は聴いてきた番組の答えあわせ

長田の特徴は積み重ねてきた経験のハイブリッドさだろう。リスナー時代は年配向けから深夜ラジオまでありとあらゆる番組を聴きまくった。そして、テレビ業界を垣間見てからラジオ業界に入り、構成作家とディレクターの両方を経験。担当した番組のジャンルも広い。例えば、二〇〇〇年代後半から毎日放送のラジオ番組『ゴチャ・まぜっ！』、『イマドキッ』を担当。芸人、アーティスト、アイドル、声優などが複数出演する番組で、藤井隆、山里亮太（南海キャンディーズ）、黒沢かずこ（森三中）、博多華丸大吉などお笑い芸人との仕事も経験している。これらの番組から生まれた縁で、お笑い芸人の山里と声優の宮野真守によるＷＥＢラジオ番組

『おしゃべりやってま〜す第二放送』を企画。まだ山里がTBSラジオの深夜番組『山里亮太の不毛な議論』を始める前のことだ。そんなすべての経験が長田の血となり肉となっている。

「早い段階で、テレビもラジオもやって、芸人さんと絡んでいる一線級の作家さんと仕事ができたのは大きかったと思います。それがなかったら、考え方はもうちょっと違っていたかもしれないんで。例えば、長谷《はせ》川《がわ》朝二《ともじ》さん。あの方と一緒にできたのは嬉しかったです」

長谷川はダウンタウン関連を筆頭に、たくさんのバラエティ番組を手掛けている放送作家で、松本人志が監督を務めた映画『大日本人』にはディレクター役で出演。ラジオ番組では、『岸谷五朗の東京RADIO CLUB』、『放送室』などにディレクターとしてかかわっている。

「藤井隆さんや黒沢さんたちとラジオをやっていた時、朝二さんがメイン作家だったんです。現場に来たら、バーッとその場ですぐに台本を書いてくれるんですよ。こういうのが作家だよなあと思って。凄い方とやれているなって感じました。あと、山田花子さんと二丁拳銃さんの番組で、僕はディレクターをやってたんですけど、その時の作家さんが『探偵ナイトスクープ』を担当している鹿児島俊光さんで、この方も〝ザ・作家〟でした。花子さんと少し喋っただけで、サラッとオープニングポエムを書いたり、毎回コーナーでゲームをやってたんですけど、面白いルールを考えてくれて、前日にその台本が届いて。大喜利のネタもすぐにいっぱい作られていて、感激しながら見ていました。だから、余計に最近は「違う。作家というのは、もっとこう……凄いものじゃないとダメなんだぞ」と感じるんです」

仕事の幅の広さは、〝同じ放送局内〟でも当てはまる。長田は意識的にいろんな人間と仕事をするように心がけていた。

「仕事をしていく間に、毎日放送のすべてのディレクターさんと絡むということをしたんです。仕事をしたことのない人に対しては「○○さんと○○さんとご一緒できてないので、ぜひ仕事をさせてください」という話をして、一回全ディレクターさんの仕事を見てみようと考えてました。それぞれディレクターのところに行くと、そこには作家たちがいるんで、その仕事も全部見られますし。最終的には、ほぼすべてのディレクターと仕事ができて、色々な面を見れたんですね。打ち合わせも全部見させてもらって、「ああ、こうやってタレントさんを乗せるんだ」と気づいたり。やっぱり関西ってノリやテンションが大事なんで。「なるほど。ここでオチたから、打ち合わせが終わったんだな」とか。それこそ明石家さんまさんの『ヤンタン（MBSヤングタウン）』の現場も拝見して」

それは同時に、リスナー時代に聴き漁ったラジオ番組との答え合わせができた瞬間だった。

「そこで全部の符号があったというか。一杯ラジオを聴いてきて、それから現場を見れたので。そして、テレビの現場も見てきたし、いろんな視野が広がりました。とにかく材料は全部大事。アニメも好きで、声優さんの番組もやりたいとは思いましたけど、そこについてしか詳しくないのは狭いことで。朝の番組も夜の番組も聴いていたし、全部わかっているからこそ取れる判断がありますから。たくさんの他の情報を握っていたほうが選別できるので、そういうのを持った上で、アニメ関連の番組をこの十数年やってきたように思います」

一つの頭だと企画はブレない

構成作家とディレクター。ラジオとテレビ。総ざらいしてきた長田が考え出したのが、構成作家とディレクターを兼任するというスタイルである。この本で掘り下げてきたことと一見矛盾するようにも思えるが、そこには時代やジャンルに合わせた深い考えがある。最初にそう感じたのはラジオに携わるようになったばかりのAD時代だった。

「全部できるだろうと思って。決まりごとという、誰かが決めた法だったり、ルールや常識があるじゃないですか。これって、大多数の人のためのシステムで、本当の答えとは違うことがあるんじゃないかと。ちゃんと理論立てて考えたら、別の答えというか、新しいものがあるはずなんで。ラジオも、ディレクターならディレクターしかしちゃいけないとか、構成は構成をすべきだという仕組みが本当に正しいかどうかわからない。だとしたら、そこは僕の考えで、やれると思ったことをやればいいじゃないかと思って」

こういった考えを先輩のディレクターたちに話してみたが、軒並み否定された。「スーパーADになるか、ディレクターになるか、サブから構成作家になるかなんだよ」と強い口調で言われたが、長田の考えは変わらなかった。そこには、長田のシビアな状況判断もあった。

「『なぜ決まっているんですか？　そうじゃないパターンがあっていいんじゃないですか？　可能性を潰してませんか？』って感じて。あと、ちょうど不況と言われる時代になって、削減続きで、僕もそれでテレビのADを辞めているじゃないですか。だとしたら、別にコンパクトにやってもいいんじゃないかと。現に、毎日放送で深夜番組の様子を見ていると、一人で卓に座って、喋り手が曲出しまでやってたんです。それもマルチで一人でやっているわけで、それも兼務ですから、なにが兼務だろうが別にいいんじゃないかと思って」

そもそも深夜ラジオ初期は構成作家がいない場合もあった。FM（コミュニティFMも含む）や海外ではワンマンDJスタイルをよく見かける。ましてや、アニラジのような収録が中心であれば、作家とディレクターを兼任するほうが利点もある。ただ、「パーソナリティと構成作家とディレクターが正三角形を描く」という従来のスタイルを否定しているわけではない。長田は「わかります。それも真です」と大きく頷く。

「ただ、すべてがそれで決めつけちゃダメだなと思うんです。ところ変われば品変わる。どこでやってるか。いつやってるか。誰とやったかで全部違うわけで。今の世の中って、何かあると「型でこうだ」、「常識でこうだ」、「こう決まっている」って言うじゃないですか。イベントなんかでもそうなんですけど、打ち合わせでも言われるんです。ただ、それは世間的に言われている型であって、「今のこのケースに当てはまるかどうかを本当は考えてない。思考を止めているだろ⁉」って思うんです。「こうなっているものだから」と言ったら終わるんです。けれど、クリエイティブ業だと本当にそうなのかをより考えなきゃいけない、ベクトルは上に向けて「できない」じゃなく「できる」ことを考えないと楽しくない。それでこそ新しい何かが作れたりしますから。だとしたら、チャレンジしているヤツがいたっていいわけで。失敗したらそのサンプルが増えるだけで、次に成功すればいいんですし」

現場での長田は、ディレクターと作家の意識を切り換えながら仕事をしているわけではなく、頭の中では完全に混ざり合っていて、「新しい肩書きがあったほうがいいんじゃないか？」と思うこともあるという。

「ラジオの現場で打ち合わせをするとして、そこにディレクターと作家がいた場合、ディレクターが基本的に話をして、間に作家が言葉を挟んだりしているんじゃないかと思っているんですけど、それは一個にしたほうが絶対にいいですよね。ブレないし、考えも一個だし。収録中に作家がパーソナリティに指示を出したりしますよね？　それってディレクションじゃないのかなって。じゃあ、音を録る人がディレクターなのかと言ったら、それはミキサーさんですから。「今のところをもう一回ください」とミキサーさんが言うこともありますし、みんながみんな実はすでにちょっと混ざっているはずなんですよ。僕はそれの集合体みたいなもので」

予算が厳しくなったという側面はあるが、機材の進歩や時代の変化などで「両方をやってみたい」、「両方やることで新しい表現をしたい」と考える人間が増えてきている部分も大きい。そういう希望が叶えられる環境が整ったとも言える。

「ブレずに間違わなければ楽ですよね。番組の編集が圧倒的に楽です。自分で録りながら、ここを切ろうとか、ここを残そうとか、このフレーズは面白いからこれだけは言わそうとか、いろいろと判断できるんで。だから、矢印としてブレない一本ができる。思惑が増えると、その思惑分だけブレるんで。優れた作品はトップに強烈なカリスマがいると思うんです。わかりやすいところでは、秋元康さんみたいな。全部、秋元さんのフィルターチェックが通ることでプロジェクトがブレずに進むんですよ。絶対にどの企業も強烈なワンマンの才覚があって、その人の意志で動いていって、カラーが出るようになってますから」

編集者とライターの関係性もこれに近い。雑誌作りにたとえるならば、取材したライターが書いた文章を編集者は読み、その上で見出しやタイトルを決め、必要のない部分を削り、文章を整えていく。当初、予定していた文量と合わなければ、ページ数を変更したり、追加原稿を求めたりする。だが、これが兼任であれば、取材している時点ですべての調整が可能なのだ。その時点で企画全体の方向性を瞬時に変える判断もできる。ただ、当然、兼任にもリスクがある。

「その人の判断がブレていると受け入れられないから、頭脳が二つあったほうが楽なんです。兼任ができるのって、判断が間違ってない時だけなんで。間違っていたら終わりっていうのがリスクですよね。だから、僕が書いた台本は一回寝かせたりするようにしてて。今の自分が書いた台本はこれだけど、次の日、いろんなことを含めて見た時に正しいのか、自分フィルターを作るようにしてます。時間がない時はできないですけど、本当に間違ってないか、かなり客観視するようにはしてます。全然関係ない人たちが見た時にちゃんと面白いのか。万人に受け入れられるのかはチェックするようにしてます」

この〝兼任〟という考え方は、ジャンルという部分でも活きている。一般向けのラジオを作っている意識と、ファン向けのアニラジを作っている意識の両方を長田は持っている。

「ラジオを作っている意識が強いんですけど、結局聴く人がアニメファンだったり、声優好きになるので。もちろん普通のラジオ好きが聴くのも僕は期待しています。今は広くみんなでやっていかないとダメだと思っているので。今は小学生・中学生の日常にラジオはないですよね。僕らの頃よりも選べるものが増えちゃっているので。そんな中、能動的に聴いてもらえる時点でありがたいことですから、それをどう離さないようにするのか。アニメ好きの人のことも考えなきゃいけないし、そこからラジオ好きにもなってほしいという気持ちがあとからついてくるんですよ。まずはその作品や声優さんをいっぱい好きになってほしいですけど、同時に「ラジオっていいでしょ?」という要素を一個入れる。隠し味じゃないけど、入れるように僕はしてます」

フォーマットにおさまらない

テレビとラジオの両方を経験し、今はディレクターと構成作家を兼任している特殊な立場から見て、長田は構成作家という仕事の面白さをどこに感じているのだろうか?

「どれか一つを選べと言われたら、作家を間違いなく選びます。結局、作家気質だなと思うので。編集ができて、ディレクションまで多少している作家なのかな?……と。この仕事にはやっぱり作る楽しみがあります。考えて、作って、自分が好きにできる。うまい言い方がわからないんですけど、作品やキャストさんを任された時に、自分で考えて作っていいんです。それって凄いことで。好きなマンガとか……それこそ『ジョジョ』の番組をやるから作れるなんて言われたら、「いいんですか!?」ってなりますよね。携われるなら、作品を好きな人たちが喜ぶような最高なものを作りたいと思うし。とても、贅沢な仕事です」

アニメ作品ありきのラジオ番組を多く担当してきたからこその感覚。深夜ラジオの価値観とはまた違うが、これもまたラジオの一部だ。そこには原作とのかかわり方という問題も生まれる。

「事前に作品については調べられるかぎり調べます。ただ、もともと把握していることのほうが多いんで(笑)。新しい作品だと、脚本をもらって、まずは全話見ます。アニラジの作り方ってきっと各所あると思うんですけど、僕がとにかく一番に考えているのが、原作者の方が聴いた時に「よし」と思えるものにするというのが絶対的なんです。これは言っていいのかわからないですけど、そうじゃないものが多い気がして。表層だけを扱っているような感じで、ありきたりなフォーマットがあって、そこにパカッとはめているものをよく見かける気がします。前の番組でウケた企画、ハネた企画を持ってきたり、原作をちゃんと見てない場合もあると思います。悪く言うと、死ぬ気で考えない人たちがいっぱいいます。そういうことに対して、「そうじゃないだろう?」と声に出すようにしていて」

どんなに繕っても、ラジオからはパーソナリティの気持ちや本音が漏れてしまう。アニラジで言うならば、どんなに精巧に誤魔化しても、本当に作品が好きな人にはそのほころびがバレてしまう。それがラジオだ。

「すでにリスナー側からも結構言われてますし、たくさんの番組をやっている忙しい人たちはフォーマットがどうしても似てくるんです。それはよくないと思っているので。一〇〇番組もあるんだとしたら、似たものは飽きられちゃいますから。一個一個を全力で作らないと、作品と原作者とファンに失礼ですよね。だって、自分の作品じゃないので。僕が生んだわけじゃないものをやらせてもらう時点で、それは凄いことじゃないですか。声優個人の番組をやる場合も、その声優さんのものだし、そこに携わらしてもらっている人が適当に作っていると、リスペクトが足らないなと思っちゃうんです。すべてを捧げるぐらいの気持ちで行ってほしい。楽しくていいんですけど、そのぐらいの気持ちで行くべきかなと思うんですよね」

ラジオと連動して、アニメのイベントや動画の配信などの企画も多い。その構成をやることも多いだけに、作品との向き合い方がとても重要になる。

「だから、ある種、自分の好きなことをやれているんですけど、根底の根底では〝そのもののために〟ということを忘れずにやってます。でも、皆さんもありますよね。自分が好きな作品に関連しているものを見ている時に、「誰が作ってるんだよ?」とか、「好きなヤツだったらもっとこうできるだろ!」とか、感じることって。ジレンマがありますよね。そのジレンマを持っているなら、やるべきです。その気持ちを持って作らなきゃいけないし。この世界に入って仕事ができるなら、自分がやらないでどうするんだってなりますよね」

それは作品や作者に媚びるということではもちろんない。より突っ込んだ内容も仕掛けている。実際、長田が担当したアニメ『ひだまりスケッチ』のラジオ番組『ひだまりラジオ』では、作者・蒼樹《あおき》うめが出演するコーナーを作り、ラジオドラマへも出演してもらい、日本武道館で行われたアニメと連動したイベントでは、ソロ曲まで歌ってもらった。

作り手・聞き手への危機感

今、声優という存在は新しい段階を迎えつつある。「声の演技をする仕事」から大きくはみ出し、アイドルやアーティスト、タレントという側面が強くなってきた。アニラジも同じで、内部的に煮詰まってきて、〝鎖国〟的な状況が壊れる流れもあり、他のラジオと比べられることも増えてきた。

「本人はまだ声優だという意識が大きいと思います。でも新しく業界に入ってきている世代は、最初からYouTubeやSHOWROOMやニコ動を見て、実況者を見て、テレビ界と融合していくのを見てきているんです。そこにはアイドルもいるし、声優もいるし、わりとごった煮文化になってきてます。だから、思考の垣根がだいぶ取れている人たちが、この業界に入ってきている。作り手もきっとそうなっていくと思うんで、あんまり固執しない作り方になっていくんだろうなと。今、一線級で活躍している人たちはそれを先に示していかなきゃいけない気がするんで。古き良きものも大事だし、そうやってぶち壊して新しくしていくことも大事な時に来ていると思います」

ラジオのスタッフとしても、もっと意識を変えていかねばならない。

「革新的なことをしていかなきゃいけないし、生き残っていかなきゃいけないし、広めていくべきだし。「まだまだこんなもんじゃないぞ」と思っていて。芸人さんや他のタレントさんたちのラジオと比べても、負けてないぞ。こっちも面白いものをやっているんだって。『ひだまりラジオ』とかもそうです。「女性声優のラジオは面白くない？ そんなことないんだ。やり方ひとつでこんなに面白くなるんだ」っていうのもあります。阿澄佳奈さんがとても面白いことは大前提にありますが、やはり工夫ですから」

未だに寝なくても大丈夫で、普段は飄々とした印象のある長田。だが、ラジオを聴いて育ち、ラジオの仕事を愚直に目指し、ラジオにすべてを捧げてきたゆえに、最後には若い世代への熱い気持ちが飛び出した。

「危機感は強いです。若手の演者さんにも一から教えてあげられたらと思います。まだまだ定型句で話す人が多くて、テクニックという意味でも身につけて行ってほしいです。「ラジオで喋っている」という意識が低い。多くの現場の一個だと思っている人のほうが多く感じる部分もあって。喋りがみんな画一化しているように思うこともあります」

こんなことがよくある。パーソナリティに「コーナーのハガキを選ぶ?」と聞いたら、「いや、いいです」と断られた。そのまま本番に進み、終わったあとに、「このネタの意味がわからなかったです」と言われるそうだ。そういうことがあるたびに、「自分が読みたいと思うネタを自分で能動的に選べば、熱く話せるんじゃない?」と一から伝えているという。そういう歯がゆい思いはリスナーにも向けられた。

「ここからは愛を持って言いますけど、一部のリスナーも甘いです! 定型句で送ってきて、読まれようとしているぬるいフォーマットでは皆の心には響きません。色々なところで言ってますけど、講座を開いてみたくて。誰も教えてくれない各番組のフォーマット……これはすべての業界に言えますけど、言えないフォーマットやルールがありますよね。こっちが知っているルールを、みんな世の中は知らずに生きているわけで。過保護かもしれないけど、一回リスナーの皆さんに教えてあげたくて。読まれたくて凄く気を遣ってくれてるのはわかるけど、もう少し距離感近くていいんだよって思ったり、逆に気を遣ってあげてって思うところもよくあるので、そのあたりのさじ加減とかは伝えてあげたい……(笑)」

本来はその見えないルールを探っていくのが、投稿する楽しみの一つであり、そのルールこそが番組の肝にあたる。ただ、若いスタッフからそれを生み出す方法を直接聞かれることも多い。

「番組やコーナーやイベントの作り方をよく聞かれますが、「聞くと終わりだぞ」と(笑)。自分で考えて答えを出すから血肉になるわけです。編集にはこういう方法がある。メール選びにはこういうやり方がある。ノウハウはそれぞれありますが、試行錯誤して得たものか？　そうでないのか？　リスナーさんのネタやメール作りにも言えますが、自分で辿り着いた手法かどうかで使いこなせる割合は大きく違ってきますよね。それこそがその人の個性であり、他の人たちから賞賛される能力になる。何より自信になります。スタッフさんについてはなるべく自力で頑張ってほしいところですが……リスナーさんに関しては、講座というか、裏側のルールをちょい見せするノウハウ番組はいつかはやってみたいです。パーソナリティにもリスナーさんと掛け合う楽しみをもっと覚えてもらいたいですし、パーソナリティ、リスナー、スタッフの三角形がうまく回る番組をこの先も目指していきたいと思います」

8　フリートークをもっと聴きたい！

奥田泰に聞く

二〇〇〇年代以降の深夜ラジオでも、ハガキ職人を経て、構成作家になる人間は少なくない。ただ、この章の主役・奥田泰は中でも少々異質な存在である。構成作家を志したのは二〇代後半で、すでに結婚し、別の仕事に就いていた。お笑い芸人のラジオに魅了され、今もなお芸人のラジオとテレビの裏側で活躍している。そんな彼の言葉から現在の深夜ラジオの状況に迫ってみたい。

ヘビーリスナーじゃなくても……

一九七六年生まれの奥田とラジオのかかわりは小学校高学年から始まった。

「僕は出身が岐阜の下呂なんですけど、当時は地方もラジオが盛んで。岐阜だと、名古屋のC

BCや東海ラジオが入ったんです。最初に聴いたのは、CBCの小堀勝啓《こぼりかつひろ》アナウンサーがやっていたワイド番組（『わ！Wide とにかく今夜がパラダイス』）だったかな。九時から〇時四〇分までやっていて。で、深夜一時からはオールナイトニッポンじゃないですか。いきなり最初はオールナイトだったかもしれないなあ」

夜のワイド番組から深夜のオールナイトニッポンに流れていくのは、一〇代リスナー定番のパターン。周りにラジオを聴いている友達はほとんどいなかったという。

「田舎なんで、ちゃんと自分の部屋はあるんですけど、部屋にテレビがないわけですよ。親父の知り合いで、部屋にテレビを置いたら子供が引きこもりになっちゃったみたいなことがあって（笑）。そうなったら困るって言うんです。バブルの頃で景気がよかったから、酒屋の我が家でも買えないことはなかったんでしょうけど。それで、部屋で一人で楽しむことっていうとラジオしかなかったんですよね。で、たまたまつけて何となく聴いてたんです」

『とにかく今夜がパラダイス』は八九年に終わり、続いて『CREATIVE COMPANY 冨田和音株式会社』が始まる。通称『冨カン』と呼ばれるこの番組には、当時オールナイトニッポン二部を担当していた伊集院光がレギュラー出演していた。

「木曜日に出ていらっしゃったと思うんです。僕は伊集院さんをそこで最初に知りました。『笑っていいとも！』で見たことがあったけど、本当にオペラ歌手なのかなと思ってて（笑）。ラジオを聴いて、凄い面白い人だなあと思ってましたね」

ちなみにCBCラジオではオールナイトニッポン二部の放送はなく、伊集院の番組を聴くことはできなかった。一部の中で二部の話題が出ると、「聴きたいのに聴けない」というジレンマに苛まれた。

「特にハマったのはウンナン（ウッチャンナンチャン）さんのオールナイトニッポンですね。あとは古田新太さんも。エロコーナーがあったので、それ目的で聴いてました（笑）。ウンナンさんは『「UN」と言える日本』という番組本も買いましたもん。それを作ってた青銅さんと今は仕事をしているというのは、なかなかのことですよね。番組内でイベントの話とかもされるじゃないですか。自主映画を壁に映すとか。本当に行きたかったです。でも、子供だったし、お金もないから行けなくて」

年齢的にはビートたけしやとんねるずのオールナイトニッポンにギリギリ間に合った世代。だが、番組のノリや流れを理解する前に終わってしまった。中学校に入ってもラジオを聴く生活は続くが、根っからのヘビーリスナーだったわけではない。

「部屋にテレビがあるような裕福な家だったら、たぶん僕はラジオを聴いてないですね。テレビを見てたでしょう。そもそも深夜のテレビが大好きだったんです。当時はバブルだったから、名古屋でも深夜のテレビ放送が盛んだったんですよ。まだウンナンさんが出たてで、『夢で逢えたら』（フジテレビ）とほとんど同じ時期だったと思うんですけど、『デイブレイク』（CBCテレビ）という番組をやっていらっしゃって。まだ太田プロ時代の爆笑問題さんが出ていらっしゃいました」

ラジオに初めて投稿したのは中学時代。競争率の高いオールナイトニッポンは避け、『冨カン』を中心にもっぱらローカル番組にハガキを送り、すぐに採用された。ラジオネームは覆面プロレスラーのスーパー・ストロング・マシンをもじった名前。修学旅行で東京に来た時、池袋にあったプロレス専門店でマスクを買ったのが由来になっている。修学旅行のお小遣いのほとんどをこれにつぎ込んだそうだ。

「クラスのそんなに喋ったことのない女の子から「読まれてたよね」と言われて、「おお、聴いてたんだ」って。田舎だったんで、一学年に一〇〇人ちょいの学校でしたけど、二人か三人には声をかけられましたね」

ラジオを聴く学生が減り始めていた時代とはいえ、地方は東京よりも聴いている率は高かった。しかし、高校に進学すると、ラジオから少しずつ離れていく。

「本当に遊びで投稿してたので、高校生になってからは送ってないです。うちの高校って物凄いアホな学校だったんですよ。僕は近畿大学って結構アホな大学出身なんですけど、そんな大学ですら入るのが難しいぐらいの高校で、クラスで大学に行ったのは僕一人なんです。休み時間になったら、全員タバコを吸いに行くような学校だったんで（苦笑）。一応、普通科ではあったんですけど。受験勉強のシーズンはラジオに触れてないので、高二の途中ぐらいまでしか聴いてないと思うんですよ」

受験勉強をキッカケにラジオにハマるリスナーが多い中、奥田は逆に聴かなくなってしまった。それには思春期特有の理由がある。

「家の構造的に妹の部屋との壁が非常に薄かったんですよ。もう一つ別に、親がよく麻雀をしていた部屋があったんですけど、僕は「その部屋で勉強する」と言って使うようになって。あの当時、勉強の合間に一日に何度か……。それって精神集中するために、非常に大事じゃないですか（笑）。でも、そっちの部屋にラジオとか何もなかったんで、必然的に聴かなかったんです」

当時の奥田は、学校のヤンキーグループとも付き合いはあったが、ラジオが好きだったから、「周りのヤンキーたちよりも俺のほうが面白いことを知っている」というありがちな勘違いに陥っていた。そこはラジオリスナーらしい。

営業車内のナイナイ

大学進学を機に、大阪で一人暮らしを始める。ここでもあまりラジオには触れない生活で、遊んでばかりいたが、偶然知った木曜日の『ナインティナインのオールナイトニッポン』だけは聴くようになった。これがのちの奥田に大きな影響を及ぼすが、それはもっと先の話だ。

映像や舞台の仕事がしたいと考え、大学三年からは夜に専門学校に通っていた。まともに就職活動はしなかったが、専門学校を介して希望していた裏方の仕事についたものの、自分に合わないと感じてわずか数カ月で辞めてしまう。

「辞めたあともどこか勤めないといけないから、すぐにお金になる仕事をしなきゃって。しかも、新卒なのに二、三カ月で辞めちゃったわけですからね。どこも雇ってくれるところがなかったので、携帯を売るちょっと雰囲気はヤバいけど給料はいい仕事に就いたんです」

奥田が大学を卒業した九九年にはまだ携帯の普及率が四〇%台後半。とにかく契約件数を増やそうと、どの携帯キャリアも躍起になっていた。現在は公式ショップか家電量販店で購入するのが通常だが、当時は有象無象の販売店があり、怪しい業者もいて、本体の値段も無料が基本だった。

本体販売では赤字でも、契約数さえ増やせば、携帯キャリアから手数料やインセンティブが発生し、それだけで儲けが生まれる。業者は個人、法人にかかわらず営業をかけて契約件数を増やしていた。水増し契約の「寝かせ」販売が問題にもなった。

そんな時代に、奥田も携帯電話の営業をするようになる。最初はテレアポが約束を取りつけたところに自ら営業をかける仕事をしていたが、数ヵ月でテレアポのシマを取り仕切り、営業を派遣する業務に変わる。その後、大阪に展開していた携帯ショップをたたんで、東京だけに人員を集約することになり、それに合わせて、奥田も上京。東京の池袋に引っ越してきた。しかし、今で言うブラック企業の方針に付いていけなくなり、退職を決意した。

「まともな会社に入ろうと思って。内装材の壁紙や床材を建築業者さんに売る問屋に勤めることになりました。基本、固定客がいて、その営業として注文を取ったり。もちろん新規開拓もしましたけど。それで、埼玉に引っ越してきたんです」

毎日車で営業先を回る日々が続いた。この時期に奥田は結婚もしている。移動中のヒマな時間にラジオを聴くようになった。

「ナイナイさんのオールナイトはずっと聴いてて。もちろん途中で離れた時期もあったんですけど。だから、SUPERの時期（一時期、一〇時から放送していた）は知らないんです。車に乗っている時間が長い仕事だったので、ヒマだったんですよ。車にカセットデッキが付いてたんで、それで録音した音声を聴くようになったのかな。そうしたら、「ちょっとハガキを書いてみようかな」って思ったんです。みんなハガキに作家志望って書いてるし、もしかしたら、俺もなれるかもしれないって。そこまでハッキリと考えてなかったんですけど、それがキッカケですね。二〇〇四年だったと思います」

激戦区を勝ち抜く

ヒマな移動時間を埋めるために始めた投稿だったが、すぐにのめり込んだ。中学時代に送っていた地元の番組ではなく、『ナインティナインのオールナイトニッポン』は間違いなくハガキ職人たちにとって最激戦区だった。

『ナインティナインのオールナイトニッポン』は、九四年の春にスタート。当初は月曜二部だったが、わずか三カ月で木曜一部に昇格した。二人の前にこの枠を担当していたのが福山雅治だったため、福山ファンから直接「マシャを返して」と言われたのは今でも語り草になっている。ナインティナインが東京に進出してきた直後から始まり、全国区になる過程を伝えてきた側面もあった。二〇一四年秋まで続き、その後、岡村隆史個人の番組に変わって、現在も継続している。

番組の売りの一つは、間違いなくネタコーナーだ。今もなお続く「悪い人の夢」を筆頭に、様々なネタコーナーが展開されて、多くのハガキ職人がしのぎを削ってきた。一部のコーナーを除き、現時点でもハガキでの募集にこだわっているのも特徴で、岡村自らが読むネタを決めている。

初期から「ハガキ職人大賞」を開催し、三カ月に一回のペースで採用された件数の多い職人を発表している。この番組のハガキ職人から構成作家になった人間も多く、ラジオネーム「メルヘンうんこ」と「顔面凶器」は番組の構成作家に就任。松原秀《まつばらしゅう》はラジオの枠に収まらず、アニメ『おそ松くん』や『銀魂』の脚本・構成としても活躍している。

送り始めるにあたって、奥田はラジオネームを付けずに本名で送ることに決めた。

「そのほうが目立つからですね。当時、本名は松原秀さんぐらいしかいなかったので、ペンネームを考えるよりもそのほうがいいなと思って……というのが本当の理由ですね。そのまま本名で作家として活躍できるじゃんっていうのは後から付けた理由です。なぜか、ホームページには「おくだたい」ってひらがな表記をされてたんですけど、僕の「泰」って字が読めないから、名前の横にルビを振ってたんですよ。それがそういう風になっちゃっただけなんで、実際は漢字の本名で出してました」

早い段階で採用されるようになった。最初は短文のネタばかり送っていたが、ある日、長文を書くほうが自分に合っていると気づく。

「最初は長文なんて自分は書けないと思ってたんです。でも、途中で「トリビュート」という替え歌のコーナーが始まるんですけど、そこで初めてちょっと長めのネタが読まれて。短いフレーズよりも、こっちのほうが僕には書きやすかったし、好きだったんですね」

番組の中心的コーナー「悪い人の夢」でも採用されるようになると、運転中だけでなく、夜に時間を作ってネタを考えるようになった。ハガキ投稿だから、どうしてもハガキ代がかかってしまうが、そこはすでに社会人だったため、フリーターや学生のように生活を圧迫することはなかった。近所の郵便ポストに投函したら放送に間に合わない時、夜中に車を飛ばして東京駅近くの郵便局に出しに行ったこともある。これも社会人のハガキ職人しかできない芸当だろう。

水を得たようにたくさんのネタを生み出した奥田は、投稿を始めた翌年の二〇〇五年に早くもハガキ職人大賞を受賞。しかもその年の四回をすべて制するという離れ技をやってのけた。

「途中から「あれっ、この数なら獲れるな?」って思ったんですよね。そうなったら、「俺は才能あるんじゃないか?」、「俺は面白いんじゃねえか?」みたいな勘違いをするわけですよ。で、構成作家になるしかないって思って」

急に構成作家という職業にリアリティが湧いてきた。しかし、すでに年齢は二〇代後半。社会人経験もあって、結婚もしている。構成作家になるなんて夢は言ってられないと考えてもおかしくない。

「いや、そうは思わなかったなあ。今は四一歳なんですけど、いいオジサンじゃないですか。でも、自分の頭の中はずっと変わってないから。そんな感じないですか? 客観的なものとか、事実だけ見ればオジサンなんだなって自覚しなきゃならないと思うけど、根本は変わってないから。好きなものは同じようにずっと好きだし。だから、その時もあんまり考えてなかったんだと思います。転職も何回かしてるから、職業にこだわる感覚がなかったのかもわからないですね。嫁には「構成作家になるわ」って言ってました(笑)。その時、許してくれて、今もやらせてもらっていることには感謝してます」

奥田の場合、社会人の経験が逆に構成作家になるという気持ちの後押しになった。一つの職場でずっと続けていたのなら、転職に怖さを感じたかもしれない。しかし、奥田は転職を数回経験。収入も着実に上がっていた。そのため、普通なら高いハードルに怖じ気づくような状況も、気楽に飛び越えられた。

「実際、構成作家として稼ぐのは凄い大変じゃないですか。今はもうそれが重々よくわかっているし、なってすぐにわかるんですけど、当時は「何とかなるだろう」みたいな。結局、転職してもなんとかなってきちゃったから。だから、ちょろいと思っちゃったんでしょうね。あんまり苦労してなかったので」

もちろんこの時点で構成作家という仕事のイメージは漠然としており、「パーソナリティの横で笑っている人」でしかなかった。

「コーナーを作ったり、テレビで言ったら企画を考える人だと思ってましたけど、それがこんだけしんどくてつらいことだとは思ってないから。好きなことを仕事でできるなんて素晴らしいじゃないか……ぐらいのことしか考えてなかったんですね、本当に。いずれはテレビもやりたかったけど、一番やりたいのはなによりオールナイトニッポンなので、まずはそれがやれればいいなと思ってました」

まずは出待ちで番組サイドにアピールすることを思いつく。二〇〇五年はハガキ職人大賞の発表当日に出待ちに行って、一位を取った自分の存在をアピールした。この時、番組ディレクターだった角銅秀人《かくどうひでと》に連絡先を聞かれている。

とはいえ、それですぐに声がかかるわけもない。奥田は社会人らしく着実な道を選び、まずは放送作家の養成塾に通うようになる。塾の講師は『ダウンタウンのガキの使いやあらへんで！』や『SMAP×SMAP』、『踊る！さんま御殿!!』などに携わっていた安達元一《あだちもといち》だった。

「企画書の書き方を教わって、それは凄く勉強になりました。でも、そこにいてもただの手伝いで終わるんじゃないかって思ったんですよ。当時、『あっ！とおどろく放送局』というネット放送局があったんですけど、そこの仕事を手伝うようになるんですね。僕だけがそう感じていたのかもしれませんが、今とは違って、ネット放送には何の未来もないような空気があって。そこで編集の仕事もやらされそうになったから、さすがにそれは違うだろうと感じて」

その時期に一度、角銅ディレクターから電話があったが、折り返し連絡しても反応がなかった。しばらく経ってから、奥田は思いきって自分から電話を入れる。それが構成作家への道を切り開いた。

「二〇〇六年の年越しにナイナイさんが特番をやったんですけど、そこに呼んでいただき、観覧させていただいたんです。その後に、「一回会おうか」という話になって。顔面（凶器）さんも同席してたんですけど、LFの6CAFE（六階にあるカフェ）で話し合って、「じゃあ、やってみるか」という話になったんです」

「隣で笑っている人」ではなかった！

まずは見習いとして、二〇〇七年二月から一〇時台の帯番組『ヤンピース』の現場に付くことになった。月〜木は東貴博（Take2）、金は山里亮太（南海キャンディーズ）が担当していたが、奥田は金曜日に付き、「三月末までとりあえずやってみろ」と言われた。もちろん見習いなのでノーギャラである。山里のJUNKがTBSラジオで始まるのは二〇一〇年のことで、二〇〇八年まではニッポン放送の人だった。

四月からは宮澤一彰《みやざわかずあき》（元ハガキ職人。ラジオネームはダビッツ）とともに、サブ作家を務めるようになる。奥田は三曜日を担当。その後、少しずつ経験を積んでいき、『ヤンピース』内の箱番組『アイドリング!!!のラジオリング!!!』では宮澤と交互で初めてメイン作家も経験した。

漠然としたイメージしかない状態でラジオの世界に飛び込んだだけに、最初は苦労の連続だった。特にサブ作家は決して「隣で笑っている人」ではなかった。

「サブ作家はブースの中で何をやっているかわからないんですよ。ニッポン放送の作り上、サブ作家はブースに背を向けてパソコンに座る形になるんです。細かい仕事をたくさん要求されるので、放送を聴きながら、たまになにかあったらブースのほうを向いて笑うぐらいで、ほとんどパソコンを触っている状態なんですよね。だから、中で何をやっているのかわからないんですよ」

すでに年齢は三〇歳近く、社会人生活も積んできた奥田は、ラジオ界に戸惑いを感じることも少なくなかった。学生からすぐに入ってきたのなら、「そういうものなんだ」と受け入れられたのかもしれないが、奥田にとっては、納得のいかないこと、理不尽なこともあり、絶望して辞めようと思う時もあった。

「当時、『次長課長のオールナイトニッポン』でサブ作家をやってたんですけど、それがメチャメチャ楽しかったんですね。実は、作家になり立ての時に、親父が死んだんですよ。それがショックで、精神的にもちょっときつかったんです。でも、お見舞いにはなかなか行けず、実家の酒屋もたたまなきゃいけないという状況の中で、自分のやっている仕事が凄く嫌に感じて。

その時に、月一回の次課長さんの番組が楽しくて、そのおかげで今も続けられているみたいなところがありますね」

メインの構成作家は小西マサテル、ディレクターは石田《いしだ》誠《まこと》。どちらも『ナインティナインのオールナイトニッポン』のスタッフだ。奥田は石田から番組の細かい作り方を教わった。

「最強に楽しいメンバーで。本当に河本（準一）さんがいろんなことを考えてくれて、俺たちに何も言わずに番組中に仕掛けてくるんですよ（笑）。それが面白かったですね。ディレクターによっては、サブ作家が雑用係みたいに扱われることがあるんです。でも、このチームはサブ作家もADも対等に扱ってくれたんです。あくまでも違う仕事を担当しているわけで、メインだから偉い、サブだから偉くないとか、そういう考えは今もおかしいと思ってます」

リスナーとしての体験、そして構成作家になった頃の経験を経て、奥田は「予定調和ではない番組」の面白さを実感する。それが、以降の番組作りにも大きく影響していった。

「いろんな形があっていいし、そこは好き好きだと思います。でも、僕は「言ってもラジオ」だと思っているんですよ。これはいい意味で、ですよ。だから自由にできると思うので。ガッチリと作り込んでいく面白さもあるし、いいパーソナリティに出会えたらやりたいなあとも思うんですけど、それはテレビがやっているじゃんって。僕はそういう考えなんです」

その後、奥田はお笑い芸人中心にオールナイトニッポンに深くかかわっていく。レギュラーではオードリー、ウーマンラッシュアワー（村本大輔個人も含む）、ラブレターズ、ニューヨーク、単発では今田耕司、小籔千豊、千鳥、ピース、ロッチ、ジャルジャル、オジンオズボーンなどの番組に携わった。宗岡芳樹《むねおかよしき》ディレクター（当時）とタッグを組む機会が多かった。ナインティナインのオールナイトニッポンにはかかわっていないが、番組本の制作には携わっている。

お笑い芸人の番組をやる時に一番大切にしているのは、「その芸人に合っている面白さ」。番組側がキャラづけするのではなく、芸人そのままの魅力が伝わるように心がけてきた。意外なことに、ハガキ職人出身ながら、コーナーを重視する考えではない。

「僕もハガキを書いている頃は、「早くハガキのコーナーに行け」って思ってました。でも、今は思わないですね。フリートーク……特にオープニングトークが好きです。自由になる感じがいいんですよね。あまりトークとコーナーのバランスも考えてなくて、全部トークで行ってしまったら、それでいいと思ってます。当日に募集するメールテーマもなくてもいいと思ってますし。ずっと考えてきたメールとその場で考えたメールなら、ただハードルが下がっているだけで、特別な理由がないかぎり、絶対に考える時間が長いメールのほうが面白いじゃないですか。放送中なので、瞬間的にパーソナリティが読むメールを選べないこともありますし。ただ、番組を構成する大事な要素ですし、コーナーをやることは大切だと思います」

コーナーといっても「いろんな形の大喜利だから」と奥田は言う。だからこそ、一つ新しさが載り、パーソナリティらしいエッセンスが必要になる。「そもそもコーナーって初めて聴く人たちにはそんなにハマらないんじゃないかと思うので、全然内輪受けでいいと思います」とマニアックな方向に進むことを是とした。

オードリーの長時間のフリートーク

奥田は二〇一三年一月から『オードリーのオールナイトニッポン』を担当。同世代の二人によるトークに大きな影響を受けた。二人のオープニングトーク、若林正恭と春日俊彰によるそれぞれのフリートークを合計すると、毎回一時間半近くのボリュームがある。

「フリートークは絶対にあったほうがいいなと思ってます。俺、オードリーの影響が強いかもしれないです。やっぱり凄えなあと思ってて。オープニングトークをあれだけ喋ってくれて。家で聴いてたら、オープニングトークはあれぐらい喋ってほしいし、コーナーに投稿してなければ、あれぐらいフリートークをやってほしいし。実はそういうリスナーのほうが何倍もいますから。メールが多い番組でも、実際に送っている人の何百倍、何千倍の人が普通に聴いているわけじゃないですか。だから、僕はそっちの人たちにちゃんと向いているほうが正しいのかなと思います」

何が飛び出すかわからないオードリーのフリートークは作家としても魅了されている。時には必死に笑いをこらえる時もあるという。

「若林さんの言ったことに反応して笑っちゃうことが多いんですよね。でも、春日さんのツッコミを待って笑ったほうがいい場合があるんですよ。この時に我慢するのが大変（笑）。どうしても、基本笑っちゃうんです。特に若林さんはスタジオにいる人間しかわからないことで笑わせに来たり。こっちは面白いじゃないですか。そこを我慢しなきゃならなかったり。次課長さんの頃からそうなんですけど、そういうパーソナリティがいいですね」

そのやりとりはリスナーにまったく見えない部分だが、そんな関係性が生み出す雰囲気は確実にリスナーに伝わってくる。音声だけのラジオなのに、確かに漂ってくる空気感。それもラジオの魅力であることに間違いはない。そして、ブースの中で起こっている何かを想像するのもまたラジオの醍醐味である。

そんな番組の空気感を構成する上で重要なのは同世代という括りではないだろうか。別の章にある鶴間の証言にもあったように、スタッフとパーソナリティが同世代だからこそ生まれる共感は番組にも影響を及ぼす。

「青銅さんはそういう意味で中に入らないようにしているっておっしゃってたんですけど、オードリーが喋る話題でわかることが多いってことですよね。なんせ若林さんが面白いのはご存知の通りですけど、春日さんから出てくるワードが俺ら世代は絶対に笑っちゃう微妙な……ギリギリで覚えているぐらいの古さのワードをポーンと出すんですよ。あれは凄いなと。〝モリグチエンジン〟とか（笑）。そんな言葉があのスピードでスッと出てくる凄さですよね。あれは笑っちゃいますよ」

同世代特有のたとえ話を出しても、世代が離れていたら、構成作家はすぐに反応できず、笑うタイミングは一テンポ遅くなってしまう。もちろん世代が違うからこそ生まれる面白さもあるが、『オードリーのオールナイトニッポン』から漂う「放課後の部室」の匂いは奥田が同世代であることも少なからず影響しているだろう。ちなみに、モリグチエンジンとは、ダイハツ工業が生産している自動車・ミラのCMに森口博子が出演していた際のキャッチコピーに使われていた言葉である。

オードリーとは違った価値観で番組を作っていたのがウーマンラッシュアワーの村本大輔である。ウーマンラッシュアワーとして二部を二〇一四年四月から一年間、村本個人として一部を二〇一五年七月から九カ月間担当した。番組の特徴は一切ネタコーナーがなく、フリートークのみのこと。リスナーのメールも読まず、曲も流さない異色のスタイルだった。それゆえに、「出たとこ勝負」であったのも否めないが、そのギャンブル性もまた魅力的な番組だった。

「あの時は、村本さんがそれでやってみたいと言ったんで、だったらやりましょうと。作家としてやれることはほとんどなかったですけど、考えていたのは村本さんのテンションを上げることだけです。とにかく村本さんが喋りやすい空間を作ることだけを考えました。喋るネタはご自分で考えてきてましたし、あとはちゃんと笑ってあげることだなあと思いましたね。ブースの中に入ると、意外に静かなんですよ。リスナーの人たちは作家の笑い声が「うるさい」という人もいると思うし、俺もリスナーの時は初めて聴く番組だと気になることがありましたけどね。演者が楽しく喋れるなら、たくさん笑ったほうがいいなとは思います。あと、そもそも僕も曲をかけることがそんなに好きじゃないんです。僕がリスナーだった頃は寝る時間だし、トイレ行く時間だったたから。メリハリはCMで作れるので」

構成作家は無責任にアイディアを出すのが仕事。かつての深夜ラジオにおいて曲を流すのは大事な要素だったが、それにとらわれずに必要・不要を考えるのは、作家らしい思考と言えるかもしれない。そんな考え方は村本と合致していた。

ラブレターズという挑戦

担当してきた番組の中で、奥田の中に大きな印象を残しているのが『ラブレターズのオールナイトニッポン0』である。二〇一四年四月から一年間、金曜日の深夜三時から放送していた。正直なところ、誰もが聴いていた人気番組ではなく、知る人ぞ知る番組とも言えない。「二部を一〇年担当する」と高らかに宣言して始まったが、結局一年で終わってしまった、若手芸人によるよくあるラジオでしかない。ただ、筆者を含め、一部の深夜ラジオリスナーから妙に熱い支持を集めた番組だった。

ラブレターズは塚本直毅《つかもとなおき》と溜口佑太朗《ためぐちゆうたろう》によるお笑いコンビ。たまにテレビやラジオに出演しているが、キング・オブ・コントの決勝に三回出場したことがあるとはいえ、一般的な知名度はあまり高くない。実は番組開始前から、奥田とラブレターズには繋がりがあった。

「安達さんのところに行ってた時に、塚本が塾生で来てたんですよ。それで知り合ったんですよね。コントっぽいことを書く話があって、塚本に「一緒にやらない？」なんて言ったのを覚えてます。そのあと、ラブレターズがキング・オブ・コントに出ることになって、同じ塾に行っていた子が「あの塚本君だよ」って言うんで、メールアドレスを知ってたから、「おめでとう」って連絡を取ったんですよ。そのあとにライブを観に行かせてもらったんですけど、凄く面白くて。それからですね」

ラブレターズの二人も深夜ラジオのヘビーリスナーで、「溜口山王」、「サイババの白い粉」

のラジオネームで投稿経験もあっただけに、スタッフ側の姿勢とスイングし、何が起こるかわからない熱のある番組になっていった。

レギュラー化する前に、宗岡・奥田体制で五回も単発で放送された。二〇一二年の夏にオールナイトニッポン四五周年の企画として、一週間すべての曜日を一二組のお笑い芸人が担当する「お笑いオールスターウィーク」が開催されたが、その中で二部の枠を担当したのが単発初回である。

近年の深夜ラジオのフォーマットの一つに、「リスナーが上から目線でパーソナリティをいじる」というパターンがある。リアルタイムでダメ出しメールが次々に取り上げられていくのは聴いている立場としても痛快であり、パーソナリティをより身近に感じられるようにもなる。深夜ラジオのリスナーには、その枠にずっと自分たちがとどまっていて、パーソナリティのほうが移り変わっていくような感覚がある。だからこそ、時には先輩目線で、まだ無名のパーソナリティを叱咤激励していくようなニュアンスがあるのだ。それゆえにハマったフォーマットなのではないかと筆者は考える。

ただ、それだけがラジオの面白さではないし、そういう番組だけになってもつまらない。そこに引っかかりを感じていた奥田の何気ない行動が、『ラブレターズのオールナイトニッポン』の一歩目になった。

「一番最初、実はもっと普通の台本で、普通にフリートークをして、メール募集をする感じだったんですけど、来てたメールがお決まりの形だったんです。要は無名の芸人が来て、リスナーのほうが先輩だという体でいじるような……。それが四、五通来て、印刷してあったんですけど、僕がそこに何気なく「つまらないなあ」とメモ書きしたんですね。そうしたら、溜口がそれを「つまらねえな！」ってそのまま読んだんですよ。だから、キッカケは僕が作ったかもしれないですけど、そこから溜口は「リスナーを育てるのもパーソナリティの仕事だ」って言い出して（笑）。塚本もそれをツッコミながらうまく泳がせていたんですけど、まあそれが面白くて、溜口のキャラクターができあがっていったんです。ラブレターズは自分たちで、あのラジオのブースの中で、あのキャラクターを作っていったんですよね」

この「お笑いオールスターウィーク」について、ライターの井上智公が『日刊サイゾー』の連載コラム（『ラジオ批評「逆にラジオ」』第四回、二〇一二年九月五日更新）で触れ、ラブレターズを「彼らはその知名度のなさとラジオの自由さを逆手に取るように、「過剰に卑屈でありながら極度に上から目線」という倒錯したキャラクターを二時間にわたり演じきることで、「オールナイトニッポン」の歴史に見事な爪痕を残した」と絶賛。「時にラジオにおいては、パーソナリティーの強引さが、聴き手にカリスマ性と身近さを同時に感じさせることがあるが、この番組はまさにその好例といえる」と称えた。

すると、四カ月後に実現した単発二回目には、溜口がそのコラムの言葉尻に反応し、自称「カリスマ」に変身。番組の名称も「カリスマラジオ」に定着した。ライター側も番組側も狙っていたわけではなく、起きたことに反応して上乗せしただけなのだが、そんなところに、奥田が考える構成作家という仕事の面白さがある。

「要は僕らっていろんなことを考えて、骨組みを作るわけじゃないですか。で、芸人さんがそれをさらに面白くしてくれた時が快感ですね。その瞬間が一番楽しいし、狙った以上のことが起きるのが一番いいですよね。自分の思い通りにならないぐらいのほうが。そこがつまらなくならないような保険とか、パッケージとかはキチンと考えなきゃいけないと思うんですけど。ラブレターズの最初にカリスマってなった瞬間。あれはいい例の気がするなあ。ドンドン超えていって、面白くしたみたいな」

上から目線のメールだけでなく、有名人やパーソナリティの身近にいる人たちになりすますメールも糾弾。わかりづらいラジオネームのリスナーに改名を迫るなど、強気の姿勢が番組のウリになっていった。そんな単発時代に生まれたコーナーが「アカペライントロクイズ」。当初はそのタイトル通り、美声で鳴らす溜口があくまでもアカペラでイントロクイズを出すという企画だった。

「俺は鼻歌やハミングでやるだろうなあと思ってたんですよ。そしたら、まさか「ピューイ！ピューイ！」って奇声で歌い出したんですよ。溜口が急に。あれは面白かったなあ。本番まで曲名しか聞いてなかったんで、もうビックリして。パッケージは僕らが考えたんですけど、中身は完全にそれを超えて、面白くしてくれたなあって」

二〇一四年にレギュラー放送に昇格。いきなり生放送中、塚本が電話で好きな女性に公開告白し、それが成就して番組側もリスナーも大騒ぎになるという、リアルタイム感のある形でスタートした。ちなみにこの彼女は、その後、たびたび番組内で話題になり、溜口が入院で欠席した回では、有楽町までマラソンをして一人で頑張る彼氏を応援した。

番組には何が起こるかわからない空気があって、それゆえに当たり外れもあったが、実際に様々な出来事が起きた。それは単純に「笑い」の方向だけではない。初めて出た番組の聴取率に愕然とし、突然、二時間すべてを真面目なラジオトークに変えたこともあった。「ハガキ職人のあり方」をテーマにリスナーと討論した時もある。当時、筆者はこの番組を取材した経験があるが、オファーした段階ですぐに番組内でそれをバラされ、実際にインタビューした後は、まとめた原稿を送ると、公開で修正点を指摘された。もちろん事前に連絡などない。もしこちらが番組を聴いてなかったらどうしたんだろうとハラハラさせられた。

そんな中で、特に印象的なのは、放送中にコーナーのハガキ読みを塚本から溜口に変える話し合いをはじめたことである。

お笑い芸人のラジオにおけるネタコーナーで重要なのはその文章の読み方。面白いラジオのパーソナリティはネタを読むのが一様にうまい。奥田も「ナイナイさんは岡村さんの読み方がうまいので、みんなハガキを書くのが楽しかったんだと思うんです」と話している。

ラブレターズの場合、当初は塚本が読んでいたが、途中で溜口に変更。その際は宗岡ディレクターが番組に出演し、本人たちと公開で話し合った。

「塚本は噛んだら、ネタよりも噛んだことが気になっちゃってて。あと、僕のやっている番組は、特別な場合を除いて最終的には絶対にパーソナリティに読むネタを選んでもらうようにしているんですよ。それがその人の笑いなんで。ただ、塚本が選んだネタは、ああいうコントを書く目線の人なので、頭がよすぎる感じがあったんです。それで、みんなで話し合って変えました」

残念ながら一年で番組は終了してしまったが、最終回は深夜の有楽町に八〇人近くのリスナーが出待ちをしに集まった。その後、パーソナリティ、スタッフ、関係者、そして番組のハガキ職人たちを含む約五〇人のリスナー全員で早朝五時から打ち上げをすることになった。筆者もそこに参加したが、様々な立場のラジオ好きが集まり、笑い合う空間は壮観で、多幸感を覚えずにはいられなかった。

このパーソナリティとまたやりたい

それぞれの番組にはそれぞれドラマがあるわけで、『ラブレターズのオールナイトニッポン0』が特別なわけではない。番組を熱心に聴いていたヘビーリスナーを除けば、この番組は「一年で終わったよくある若手芸人の番組」でしかないだろう。近年の「JUNK」を除けば、深夜ラジオの移り変わりは早く、一年も持たずに終わってしまった番組は無数にある。ただ、埋もれていくそんな番組でも、パーソナリティ、スタッフ、リスナーはそれぞれ思い入れを持っているのだ。

「なかなか特殊なラジオでしたよね。いい番組だと思いますし、またやりたいですね。でも、キング・オブ・コントも予選で落ちたしなあ（苦笑）。年齢は彼らよりも僕のほうが全然上ですけど、売れ出した時のラブレターズと、当時の自分が、あのタイミングで一緒にラジオができたっていうのは物凄く貴重な気がします。それはディレクターの芳樹さん含めて。あれはもうできないから。あの時に、あのメンバーでやれたことは良かったんだと思うし、だからああいうラジオになって、面白かったんだと思います。もし今の僕がラブレターズと初めて番組を始めたら、違う形になりますから」

ナインティナインのように、二部から始まり、一部に昇格して、長寿番組になる例もあるが、それは稀なことで、大部分の番組は短くて半年、長くても二年程度で終わっていく。奥田が担当した番組もラブレターズに限らず、翌年の朝井リョウ&加藤千恵、吉田山田、翌々年のニューヨークのオールナイトニッポン0も一年で終了した。奥田の中でも続けたかったという思いは今もある。

「面白い番組なのに終わっちゃう時はつらいですね。また番組をやらせてあげたいと言うより、僕がまたやりたいです。芸人で言えば、ラブレターズも、ニューヨークも、またやりたいですよ。終わった番組のパーソナリティに足りない部分があるなんて思わないです。その人たちにあったものであればいいと思うんで。ニューヨークはああいうスタイルでよかったと思うし、ラブレターズはあれが似合ってたと思うし」

お笑い芸人の番組にハガキを送るところから始まり、実際にお笑い芸人の番組を作ってきた奥田は「芸人のラジオ」に対するこだわりが何より強い。

「今は厳しい時代ですけど、ラジオはやっていきたいですね。特に芸人のラジオがやれるならやりたいです。他のパーソナリティでも、作家としてお仕事をいただけるのは本当にありがたいですけどね」

テレビの仕事もしている奥田だが、やりたいと強く思うのはラジオ。しかも、お笑い芸人の番組だ。

「本当に芸人さんのよいところが出せるというか。今、ゴールデンの番組は制作の意図を汲んでやっていらっしゃる部分が強いと思うんですが、その人たちもラジオならやりたいことをやれるので」

一番リスナーに近い存在

ここまでラジオの仕事を中心に話を聞いてきたが、奥田はテレビの世界でも活躍している。

「テレビの仕事も切れ間なくちょっとずつやってましたね。仕事の割合で言うと、テレビのほうが多いです。ただ、両方やっているほうがいいと思っているんです。ラジオだけをやっている作家よりも、ちゃんと芸人さんと話ができるので。藤井青銅さんもラジオのイメージが強いですけど、実はテレビもたくさんやってらっしゃったんですよ。ラジオの作家でも凄い文章を書く方もいらっしゃいますし、その人たちはその人たちで凄いんですけど、僕はそうなりたいわけじゃないから。やっぱり売れっ子の作家さんたちは会議での発言だけを取っても凄いんです。敵わないなあ、こうなりたいなあって思いますね」

他の作家の章でもテレビとラジオの作り方を比較する証言があったが、特にスタッフの人数の差を指摘する声が多かった。奥田はどのように感じているのだろうか？

「テレビは大所帯ですけど、それはあんまり関係ないと思います。大所帯でもできる方はできるから、それは実力であって、今は俺の力不足だと思っています。ラジオだとまずタレントさんと一緒に作っていくことになりますけど、テレビだとそれはできないんで。そこはラジオのよさですよね。ラジオって失敗して逆に笑えたりするじゃないですか。毎回数字が出るわけでもないですし。テレビはそんなことをしたら、番組が終わっちゃいますからね。お金もかかっているから」

それだけに自分の企画が形になった時の喜びは大きい。奥田は『ちょっとザワつくイメージ調査もしかしてズレてる?』(フジテレビ)の立ち上げにかかわっていた。

「あとで番組の形が変わっちゃいましたけど、テレビで自分の企画が通って、レギュラーになった時は本当に嬉しかったです。自分が出した企画がゴールデンのレギュラーまで行った人たちってたくさんいるわけじゃないから。凄いお金が動いているから、それは大人がたくさん入ってくるよなあって感じがします。そこで、大所帯だから力を出せないって言ったら単なるいいわけですよ」

ラジオはパーソナリティと一緒に番組を作る形だが、テレビの現場はまったく考え方が違うという。

「ラジオは全部、〝人〟でやるんです。「この企画が面白いからやろう」ってことはほとんどないんですよね。企画があって、「そこに誰をはめよう?」というパターンではない。それが〝人が出る〟っていうことだと思うし、必然的にその人を選んだ人間が悪いっていうパターンもあると思うし。企画で番組が始まるわけじゃないから、そこで勝負できないっていうのは難しいところだと思いますね」

テレビの世界でも戦っている奥田だが、その中でナインティナインとの接点ができた。『めちゃ×2イケてるッ!』(フジテレビ)の構成に抜擢されたのだ。スタッフを増やすタイミングで、ラジオ系の作家にも声がかかり、奥田が選ばれた。

「収録で時間のある時は、岡村さんの楽屋にお邪魔したりするんです。で、ゴシップをずっと喋って。この前、「ちょっともう帰ってもらっていいか（笑）。俺、台本読まなあかんねん」って言われたことがありましたけどね（笑）。やっぱりラジオのほうがリラックスされているように見えます」

岡村が自分のハガキを選んでくれたからこそ、今の奥田がある。奥田の人生で岡村は切っても切れない存在だ。

「リスナー時代に握手したり、写真を撮ってもらわなくてよかったなと思います（笑）。それで仕事をするとなったら、ちょっと自分で気持ち悪いじゃないですか。やっぱり特別って言ったら特別だなあ。でも、なんて表現したらいいかわからないなあ。喋るたびに緊張するって関係性じゃないですけど、やっぱり今でも喋れたら嬉しいんですよ。ただ、未だにキスのことをいじるしなあ。Tシャツもリスナーへのプレゼントで取られたしなあ（笑）」

作家を続けていけば、つらいこともやきついことと直面する。駆け出し時代とは違う問題も出てくる。奥田が未だに「一番つらかった」と振り返るのが、清水富美加（現・千眼美子）が『みなぎるPM』（ニッポン放送）を降板し、番組が打ち切りになったことだ。

「パーソナリティが出家した時は一番つらかったです（苦笑）。いきなりですからね。本当に楽しい番組だったのに。収録の後、エレベーターで手を振って、「お疲れ様でした」って別れて、エレベーターの扉がパタンと閉まって……。あの子の顔を最後に見たのはそれだったんです。変わった子だから面白かったけど、変すぎるとああなるんだなあ。巡り巡ってラジオまたやることになったらよろしくお願いしますって書いていただくと、本当に助かります（笑）」

前述したように、ラジオのスタッフの中では、どうしても構成作家が矢面に立たされることが多く、時に批判を受けることもある。構成作家にはさして権限はないのだが、リスナーに一番近いからこそ、批難の対象になりやすい。

「僕は叩かれてもどうでもいいです。良かった時はパーソナリティの手柄になって、悪かった時はスタッフのせいになれば一番いいと思います。それで十分だなあって思いますけど。僕らは責任を取れないじゃないですか。ディレクターに「こういうことをやりたい」って言ってもらって、その色づけや案を出すのが僕らだと思うんです。だから、正しくジャッジができて、方向性を言えるディレクターと一緒に仕事できないと結構つらいと思うんですけど、必ずしもよいディレクターと出会えるわけじゃないので。だから、僕は芳樹さんや石井（玄《ひかる》、『オードリーのオールナイトニッポン』担当）ちゃんをはじめ、恵まれているなと思うんです」

昔ならば何事もなく放送できたことが、今はすぐにSNSで切り取られた形で広がり、問題になりやすい。責任がない立場とはいえ、その状況はなかなか難しい。

「マジで取られた時は、「怒らんでもいいやん」みたいに思うことはありますけどね。でも、こっちが悪いんだろうなあ。そういう時ってフリが甘いんだと思うんですよ。ちゃんとフリができてないのに、それをやっちゃうから起きてしまうんだと思います。あとは、フリ過ぎてたりとか。だから、ちょうどいいフリができないとダメなんだろうなあって思うんですよ。でもまあ、それで自分らのせいになるぶんはそれでいいです」

それなりにキャリアを積んできたとはいえ、反省することも多い。まだまだ勉強することばかりの毎日だ。

「足りないところだらけだと思います。結局、何を言ったよりも、誰が言ったかが一番大事じゃないですか。同じことを言っても、僕だとダメなことがある。でも、自分がやっている仕事が凄ければ、発言も強くなりますから。早く力を付けなきゃなと思います」

最後に、お笑い芸人との仕事に思い入れが強い奥田が思う構成作家という仕事について聞いてみよう。

「台本を書くのが仕事ですけど、別に台本が面白いことが重要ではないんです。思うんですけど、台本が面白いラジオがいいのかなって。パーソナリティがあんまり面白くない人だったらそれでもいいと思うんですけど、芸人さんだったら、台本が面白いよりも、喋ったことが面白いことのほうがいいですから」

根っこにあるのは、それぞれ独自の面白さを持つ芸人のリスペクトだ。

「あれだけたくさんの芸人さんの中から勝ち上がってきて、今はテレビも出られていて、さらにラジオではこんなに面白い。結局、俺らみたいな作家よりも一〇〇%面白いじゃないですか。僕らのほうが下なんだから、喋りやすい環境だけを作ればいいんじゃないかって気がするんですよね。絶対に芸人のほうが面白いんだから、彼らが面白くなるようにしたいし、あの人たちに笑わせてもらいたいなって。構成作家は一番近いリスナーというか。近くにいて、目の前で見られて、裏までわかっているリスナーなんですよ。だから、ラジオの仕事は楽しくて仕方ないですね」

コラム　ラジオの現在

一九九九年にノストラダムスが予言した恐怖の大魔王はやってこなかったし、コンピューターが誤作動すると言われた二〇〇〇年問題も予想ほどの混乱は起きなかったが、二〇〇一年からラジオ界は最大の困難に直面した。

電通調べによると、二〇〇〇年にラジオの広告費は二〇七一億円を記録したが、二〇〇一年は一九九八億円に減少。数字は一三年連続で下がり、二〇一三年には一二四三億円に。バブル崩壊前にあたる九〇年と比べて、ほぼ半分になってしまった。なお、久しぶりにラジオの広告費が増えた二〇一四年以降は微減微増が続いている。

聴取率は二〇〇〇年代前半にセッツインユースが八%台を記録したが、再び減り始める。東日本大震災でラジオが改めて注目され、radikoやワイドFMの登場などでも数字を立て直したが、一時的なもので終わってしまい、二〇一七年一二月には過去最低の五・一%を記録した。聴取率の面でもラジオは過去最大に厳しい状況にある。

二〇〇〇年代からインターネットが一気に普及。ラジオ界にも様々な影響を与えた。最も大きなものは、ネットを介してラジオが聴けるradikoの登場だ。二〇一〇年から試験配信がスタート。翌年の東日本大震災を受けて、広く利用されるようになった。その後、対応する放送局が増え、エリアフリー機能、タイムフリー機能が実装。PCやスマホでラジオを聴くのが当たり前の時代になった。

リスナー同士がネット上で繋がるようになり、番組を実況するという文化も生まれた。当初は「2ちゃんねる」などの掲示板中心だったが、その後、ソーシャル・ネットワーキング・サービス

（ＳＮＳ）が登場し、リスナーがコミュニティ上でやりとりするようになる。投稿するハガキ職人がＳＮＳ上で可視化されたことも変化かもしれない。「深夜ラジオは一人で孤独に聴くもの」という感覚は明らかに薄れた。また、ニコニコ生放送、Ustream、ツイキャスなどの登場により、「ラジオは聴くだけじゃなく、自分で配信するもの」に変わってきている。

二〇一〇年代から顕著になったのがネットニュースとの関わりだ。ラジオのトークを一部分だけ取り上げられ、それがネットニュースになって炎上する現象が見られるようになった。二〇〇八年に『倖田來未のオールナイトニッポン』（特番）における〝羊水発言〟が物議を醸したのは、そのハシリだったのかもしれない。必然的にラジオの中身はリスナー以外にも広がる状況になってしまい、深夜ラジオらしい無茶な企画や毒舌も減少傾向にある。

細かい部分だが、情報をリスナーから集める企画が成立しづらくなったのも強調したい点だ。どんなことでもインターネットで調べれば、真偽はともかくある程度の情報は摑めてしまうため、リスナーに呼びかけて答えを集める必然性がなくなり、少なからずコーナーの方向性が狭まった。

その他、PodcastやＷＥＢラジオの普及、YouTubeやニコニコ動画への違法アップロードなどインターネットの影響は様々な部分に派生した。

そんな中で〝変化〟に至らなかったものがある。それが、デジタルラジオだ。二〇一一年にテレビが完全地デジ化したのは記憶に新しいが、ラジオ界もデジタル化への取り組みが進められていた。二〇〇三年から試験放送が開始。しかし、使用するはずだった周波数帯の利用が難しくなり、各局の足並みも崩れて頓挫してしまう。二〇一一年三月に試験放送も終了した。この試験放送が、文化放送のアニラジに特化したＷＥＢラジオ『超！Ａ＆Ｇ＋』に繋がっている。

デジタルラジオに代わる難聴対策として、ＦＭ波でもＡＭラジオの番組を放送するワイドＦＭ（ＦＭ補完放送）が二〇一五年にスタート。ＴＯＫＹＯ　ＦＭが主導するデジタルラジオの流れはマルチメディア放送『i - dio』へ引き継がれている。

各局の流れを振り返ってみよう。二〇〇二年、TBSラジオは旧「UP'S」枠に深夜〇時台の枠を合体させ、「JUNK」を始動した（翌年に深夜〇時台が無くなる）。一旦バラバラになっていた番組が「JUNK」で再整備され、伊集院光（月）、爆笑問題（火）、コサキン（水）、さまぁ〜ず（木）、極楽とんぼ（金）と一層お笑い色が鮮明になった。深夜三時台は「B - JUNK」、そこから「JUNK2」となり、こちらもお笑い芸人が並ぶ編成となる。のちに「JUNK2」は深夜〇時台に移動し、「JUNK ZERO」となった。

伊集院、爆笑問題は現在に至るまで継続。二〇一〇年春に南海キャンディーズの山里亮太（水）、おぎやはぎ（木）、バナナマン（金）、エレ片（土）の体制となる。山里を除く三番組は終了を迎えた「JUNK ZERO」からの移動だった。このメンバーは今も継続している。

ここまで紹介してきたように、TBSラジオの深夜帯はコンセプトが幾度となく変わってきたが、「JUNK」の誕生により、お笑い芸人のパーソナリティが長期間担当する方向に完全に切り替わった。「深夜ラジオは若者のもの」という時代ならば、リスナーが常に新陳代謝していくため、短期間でパーソナリティを変えることがプラスにも働いていた。過去の変遷を見ればわかるように、長寿番組を含みつつも、基本的に短期間で変えていくのが深夜ラジオの主流で、このTBSラジオの方針のほうが言わば異質だ。しかし、リスナー層や深夜ラジオの聴き方が多様化した時代に、安定した番組作りがガッチリとハマる。リスナーの志向に寄り添う姿勢がTBSラジオの聴取率連続一位の状況に繋がる。これは深夜ラジオの歴史で最大のエポックメイキングと言っても過言ではないだろう。

文化放送は「Lips」の名を持つ深夜ラジオ枠が二〇〇三年に終了。深夜の生放送はなくなり、録音番組が並ぶ編成となった。しかし、二〇〇九年秋に月〜木の生放送帯番組『リッスン?〜Live 4 Life〜』がスタートする。すべての曜日を女性パーソナリティが担当。アイドルのAKB48、大島麻衣、虎南有香、声優の小松未可子、平野綾、アーティストの曽根由希江らが活躍した。この時点でも声優が深夜の生放送を担当するのは珍しかった。

そして、二〇一五年六月に『リッスン?』は深夜二時〜三時の録音番組に変更となる。そして、深夜一時からの生放送番組として始まったのが、伊福部の章で触れた『ユニゾン!』だ。一時間の番組ながら、関智一(月)、柿原徹也(火)、寺島拓篤(水)、鈴村健一(木)とラジオ経験豊富な男性声優がパーソナリティとなった。地上波のラジオにおいて、全曜日を通して声優のみが担当する生放送の帯番組が放送されるのは史上初のことだった。開始直後から動画同時配信も行われたが(現在は終了)、これも同時間帯では異例だった。

一〇代・二〇代のファンを持つ声優が担当することで、図らずも「若者のための深夜ラジオ」が甦ったのは興味深い部分。積極的にリスナーと電話を繋いだり、動画配信のコメント、Twitter、メールを同時に利用したりと、昔ながらの面白さと今風の新しさが同居する内容となり、三年目に突入している。

変化のあったTBSラジオや文化放送とは違い、ニッポン放送は「オールナイトニッポン」をずっと続けてきた。前述した「LF+R」などの度重なる路線変更や、お台場への本社移転、有楽町の新社屋完成など内部でもいろいろなことがあったが、一番大きな出来事は二〇〇五年二月に起こったライブドアによるニッポン放送買収事件ではないだろうか。一部の番組パーソナリティからはボイコット宣言も飛び出したが、最終的に二カ月で騒動は収束。ある意味、ラジオ界が置かれる苦境を表す大事件となった。

「オールナイトニッポン」の中心は、九〇年代後半から木曜日一部を担当していたナインティナインだ。番組は二〇年半継続。これはオールナイトニッポン（二時間番組）において最長記録である。二〇一四年秋に終了が発表されたが、岡村隆史が単独で番組を継続。近年は横浜アリーナでのイベントも成功させている。お笑い芸人系では二〇〇九年から現在も続くオードリーをはじめ、くりぃむしちゅー、アーティストでは土曜日の特別枠を長きに渡って担当した福山雅治を筆頭に、西川貴教、鬼龍院翔（ゴールデンボンバー）、back number、さらにアイドルのＡＫＢ48、俳優の小栗旬、城田優などこの時代もバラエティ豊かなパーソナリティが生まれた。

枠組も絶えず変化しており、二〇〇九年には一〇時台で「オールナイトニッポンＧＯＬＤ」がスタート。中高年向けと若者向けが混在する内容となったが、二〇一五年秋からは金曜日を除いて「オールナイトニッポン　ＭＵＳＩＣ10」にシフト。藤井青銅が担当する松田聖子（月一回）など女性パーソナリティが並び、完全に大人向けに切り替わった。

反対に深夜三時開始の二部は二〇〇三年から続いた中高年向けのスタイルが終わり、二〇一二年春に「オールナイトニッポン0」として従来の形で復活。動画同時放送もスタートした。育成枠としてオーディションを定期的に開催。様々なパーソナリティが生まれている。

長寿番組主体のＪＵＮＫとは違い、オールナイトニッポンは現在も積極的にパーソナリティの入れ替えを行っている。そのため、時には物議を醸すこともあるが、サイクルが早いからこそ、アルコ＆ピース、久保ミツロウ＆能町みね子、大谷ノブ彦（ダイノジ）といったパーソナリティが発掘された側面もあり、評価が分かれるところだ。

二〇一七年で放送五〇周年を達成。五〇個のプロジェクトが一年間を通じて行われている。現在の一部は菅田将暉（月）、星野源（火）、ＡＫＢ48（水）、岡村隆史（木）、山下健二郎（金）、オードリー（土）という布陣だ。星野が意外にもオールナイトニッポン史上初となるギャラクシー賞ＤＪパーソナリティ賞を受賞したのも話題になった。

紆余曲折ありながらも、深夜ラジオは半世紀の歴史を紡いできた。今後もたくさんの番組が終わり、同時にたくさんの番組が始まりながら、時代に翻弄されつつも歴史は続いていくことだろう。

※記述は全て二〇一七年一二月現在。

9 構成作家はじめました。

辻村明日香・チェひろしに聞く

最後の章には今後のラジオ界を担う次代の構成作家二人を取り上げたい。作家になる経緯や置かれている立場、直面している課題はまったく違うが、この本で紹介してきた構成作家たちの思いや姿勢を引き継いでいる二人だ。

これまで取材した作家を見るとわかるように、ラジオ界は男性中心だ。しかし、女性の構成作家は少なからずいる。一人目の若手作家・辻村明日香は現在二三歳、四年目の女性作家だ。ハガキ職人を経て作家になった証言を多数聞いてきたが、彼女は最近増えている放送系の専門学校出身。構成作家になる過程で伊福部崇が大きくかかわっている。

ＦＭ・ＡＭ・アニラジ……、すべてラジオ

東京出身の辻村は九四年生まれ。ここまで紹介してきた構成作家たちとは違い、周りにラジオがある環境ではなかった。

「両親が松任谷由実さんのベストアルバムを買ってきて、車の中で流してたんです。そうしたら、家族の誰よりもユーミンが好きになって、小学三年生にしてハマるという（笑）。そんなにテレビに出ないし、メディアの露出もない方なので、いろいろ調べてたら、ラジオというものに出ているらしいぞと。で、全然聴いたことがなかったんで、親に言ったら、『うちにラジカセがあるから、聴けるよ』って話になったんです。小学五年生ぐらいの時でした」

初めて触れた番組はＴＯＫＹＯ ＦＭの『松任谷由実 For Your Departure』。日曜日の夕方に放送していた。もともと家族にもラジオを聴く習慣はなく、その存在を意識したことがなかった。親に教えてもらって、周波数やＡＭとＦＭの違い、80.0MHz への合わせ方などを知った。普段は食卓を囲む時にテレビを見ていたが、日曜日は家族でラジオを聴くようになる。だが、あくまでもその時間だけ。番組が終了すると、すぐにテレビに切り換えていた。

辻村がさらにラジオに惹かれたのは、ポッドキャストがキッカケだ。iPod が人気を博す中、日本では二〇〇五年にその音声を管理する iTune にポッドキャストが対応して一般的になった。

「iPod を手に入れて、ポッドキャストという文化に触れたんです。ああ、これでもラジオが

聴けるんだと思って。それで、番組を探してたら、爆笑問題さんのJUNKに出会ったんです。オープニングトークやコーナーが聴けたんですけど、最初になんとなく最新回をダウンロードして聴いてみたら、「なんだ、これは！」っていうぐらい面白くて。親に「凄いよ、この回、面白いよ！」って勧めたぐらい（笑）。本当に衝撃的だったんです。聴いてる時間は深夜ではなかったですけど、それが深夜番組に触れるキッカケでしたね」

爆笑問題から、伊集院光、山里亮太などJUNK系のポッドキャストに手を広げていく。特にラジオでの伊集院には驚きを隠せなかった。

「テレビが凄い好きで、バラエティ番組をよく見る子でした。芸人さんも大好きで。『エンタの神様』（日本テレビ）や『爆笑オンエアバトル』（NHK）の世代なんです。それで、ラジオを聴いたら、「テレビより面白いんだけど！」という衝撃を受けて。伊集院さんのイメージもずっとテレビの人だったんです。頭のいい人、クイズの人だと思っていて。でも、喋っているのを聴いたら、「なんか全然イメージと違う！」と。天地がひっくり返るような驚きがありました。完全に深夜ラジオにハマっていきましたね」

小学生の頃は母親と寝室が一緒だったため、深夜ラジオを生で聴くことはできず、もっぱらポッドキャストを聴き漁った。友達にラジオ好きはいなくて、「いろんな人に話したいけれど、誰もこの面白さを知らないんだろうなあ」と感じていたという。

我慢できず、寝ている母親の横で笑いをこらえながら、ラジカセを使って深夜ラジオを聴くことがあったが、中学一年生になると、一人部屋を手に入れ、ラジオを聴く時間も増えていく。「中学生後半から高校生ぐらいになると、今度は『SCHOOL OF LOCK!』（TOKYO FM）

にハマって。音楽好きだと、この番組を聴いて、音楽をさらに好きになるみたいな人が多かったと思います。学校で直接「昨日、ラジオ聴いた？」とは全然話さないんですけど、ツイッター上では同じタイミングで実況しているんです。番組の話がタイムライン上に流れてきて、「ああ、この子も同じラジオを聴いているんだ」って認識ができるっていう。そういう感じが結構普通でした」

学校から帰ってきたら、ご飯を食べて、早めにお風呂に入って、『SCHOOL OF LOCK!』を立ち上げる。深夜〇時に終わると、『レコメン！』（文化放送）や『ミュ～コミ』（ニッポン放送）を聴き、深夜一時からはＪＵＮＫに行き着く。

「オールナイトニッポンはちょうど二部がなかった時期なので、三時には寝てました。翌日は学校だったので。学校には遅刻せずに行っている子でした」

小説『図書館戦争』から、アニメにハマリ、ネット配信されていたラジオも聴いた。土日の夜帯は文化放送を聴くようになり、生ワイド番組の『アニスパ！』や『こむちゃっとカウントダウン』にも手を出した。高校時代にはradikoもできて、より便利になった。

「アニラジも普通に面白くて聴いてた記憶があります。だから、お笑いだからとか、アニラジだからとか、ＦＭだから、ＡＭだからみたいなこだわりはなくて、全部ラジオだったんです、私の中で。どれをつけても好きだし、面白いし、楽しいしっていう。そんなに壁を感じてなかったと思いますね」

九〇年代ぐらいまでは「ＦＭを聴くなんてカッコつけやがって」、「声優のラジオなんてレベルが低い」という見方が少なからずあった。また、オタクへの風当たりも強かった。しかし、辻村が学生だった頃にはそんな空気が弱まり、隔たりもなくなってきていた。だからこそ、いろんなラジオを素直に楽しむことができた。ちなみに名前の挙がった『アニスパ！』のパーソナリティは声優の浅野真澄《あさのますみ》、そして、伊福部とともに音楽ユニット・ポアロを組んでいた鷲崎健である。

中学生の時はクラス委員、高校生の時はバトミントン部の部長を務めていた。上の世代のラジオ好きによくあるひねくれた部分はない。同級生の中にあるヒエラルキーで言えば、ちょうど真ん中当たり。いろんな人と仲良くして、いろんなコミュニティに所属していて、でも実は一匹狼のようなところもある……そんな学生だった。

構成作家という職業を意識し、仕事にしたいと思ったのは中学生の頃。キッカケは『深夜の馬鹿力』の構成作家・渡辺雅史だった。

「楽しそうだと思ったのは、伊集院さんの番組で、笑い声が聴こえてきたからなんです。渡辺さんって別に喋らないじゃないですか。本当に笑っているだけだなと思って（笑）。よくある話、ド定番の理由なんですけど、「この笑っている人は笑っているだけでいいのか！　これが仕事なのか！　楽しそうな仕事だなあ」みたいに思って。さすがに楽そうとは思わなかったですけど、凄く魅力を感じました。ブースの中で一緒に空気を作っている感じがよくて、私もこんな素敵なラジオのスタッフになれたらいいなあと作家に興味を持ちました。でも、投稿とかはしてなかったんですよね。ほとんど聴くだけリスナーで。構成作家をやりたいって思う人は投稿していることが多いですけど、私はたまにリクエスト送って、読まれて喜んでいたぐらいでした」

人前で喋るのは得意ではなく、パーソナリティをやりたいとは思わなかった。あくまでも裏方志望。中学生にして将来を考え、日本大学芸術学部放送学科に入ることを目標にする。そのため、日大系の高校を受験したが、志望校には受からず、滑り止めに合格。日大に関連しているとはいえ、あまり魅力を感じず、考えを変えて都立高校に進んだ。伊集院と日大芸術学部。伊福部の道のりとリンクしているのがまた面白い。

「高校で将来を考えた時に、まだ作家をやりたいなと思っていて、日芸を受けたんですけど、落ちてしまったんです。でも、他の大学に行ってもなあと思って。だったら、二年制の専門学校に行こうと。一応専門学校でも短大卒の資格と一緒なんですよ。二年間、専門学校に行って、卒業したら作家になれるように頑張ろうと思って、東放学園に入りました。作家コースはないんですけど、ラジオ科があるので」

入学二カ月でサブ作家に

入学したのは東放学園専門学校の「放送音響科」。テレビの音声、ラジオディレクター、アニメの音響監督などを目指す人間が集まる学科だ。辻村が入学した時は三クラスあって、同級生は合計九〇人程度。ラジオ系を志望する生徒はその三分の一ほどだった。

「ディレクターや音声さんになりたい人の学校なんで、実はそんなに作家志望が行くべき学校じゃなかったんです（笑）。でも、私は短大を卒業したという資格が欲しいという理由もあって、そこに進んだんで。あと、二年生になると講師をやっている伊福部さんのゼミがあるのを知ってたのも大きいですね。今まで周りにほとんどいなかったのに、入学したら、目の前に急にラジオ好きがたくさん現れて（笑）。FMを聴いている人は少なくて、深夜ラジオリスナーはいたんですけど、意外とみんなアニラジ好きだなあってビックリしました」

この時点で辻村は伊福部の存在を知っていた。そのキッカケは相方・鷲崎だった。前述した『アニスパ！』を聴いていた辻村は、ネットで調べていくうちに、鷲崎がポアロというユニットを組んでいることを知ったのである。

「ウィキペディアを見ていたら、「伊福部崇」という名前を見つけて、「誰だ、それ？」って（笑）。「構成作家なんだ、ふーん」なんて思ってましたね。でも、声優の朴璐《ぱくろ》美《み》さんと宮野真守さんがやっていた『ポケ声ファイト！』（文化放送）を聴いてたら、お二人の口から伊福部さんの名前がよく出てきて、「あれ、この名前を聞いたことがあるぞ？」と。それをキッカケに『ポケ声』をちゃんと聴くようになって。あれは中学生ぐらいですかねえ。とにかくメッチャ喋る作家さんだなあと思ったのを覚えてます（笑）。なんだったら、コーナーの進行をしてるんですよ？　JUNKではそんな人いないじゃないですか。で、いろんな番組で伊福部さんの声をよく聴いて、この人は凄い人なんだなあと気づきました。たぶん鷲崎さんの流れでツイッターもフォローしたんだと思います」

偶然にも伊福部のツイッターをフォローしたことが辻村の人生を変える。辻村が東放学園に入学したと同時に、伊福部の章で紹介したラジオオタクに向けた番組『ラジオのラジオ』がスタートする。

「『ラジオのラジオ』というラジオのことを話す番組が始まりますというつぶやきを読んで、

「なにこれ、超面白そう！」と思って。鷲崎さんがゲストだった初回を聴いたんですよね。そうしたら、サラッと「サブ作家オーディションをやろうと思っているんです」という話をされていて、「これは応募しないといけない！」と思ったんです。なので、まだ募集するか正式に決まっていない状態だったのに、番組に「ぜひオーディションをやってください！」とメールを送ったんですよ。そうしたら、放送で「やりたい人はコーナーの企画案とプロフィールを送ってください」と言っていたので、すぐに送りました」

一〇〇人近くの応募があり、書類審査を通った二〇人を面接。最終審査は放送内で行われた。辻村が考えた新コーナー案は「ifラジオ」という企画。「もし〇〇がパーソナリティだったら、どんなラジオにするか？　どんなコーナーを作るか？　伊福部たちが考える」というアイディアだった。過去の偉人や空想の人物（例として夏目漱石、吸血鬼を挙げていた）だけでなく、実在するタレントなども有りとした。

この案を聞いた伊福部は「うまくいく時といかない時がある。その時に俺に対する保証ってないよね？　失敗したら「伊福部さんは失敗する人」ってなっちゃうけど、それで作家としていいのかな？」と厳しい指摘をしている。ちなみに、伊福部は放送内で「あえて意地悪なことを聞いた」と言っていたことも並記しておきたい。

「とりあえず送らなきゃと思って、三つぐらいコーナー案を書いたんですよね。で、一次審査を通過した二〇人を面接しますと。その時に初めて文化放送に入ったんですけど、「伊福部崇がいる！　メッチャ無愛想……怖い！」と思って（笑）。で、一次審査を通過できたら、次はラジオに出るという話になって、メッチャ緊張しました。人生で初めてマイク前に立ったんですから。何を喋ろうかと思って必死になったら、伊福部さんにボロクソに言われて、「うわー、仲良くやっていけない」と思いましたね（笑）。私は無理だろうなと思って受けてたんですけど、二年生になったら伊福部さんのゼミを取ろうと心の中で決めていたので、仮に今回落ちても、「絶対伊福部さんとは仲良くなってやる」と決めてたんです。そうしたら、たまたま条件が合ってたのか、合格しましたとメールを受け取りまして。それが誕生日だったんです」

専門学校に入学してからわずか二カ月で、ネットラジオながらサブ作家を務めることになった。構成作家の伊福部がパーソナリティという特殊なシチュエーションのため、すぐに台本を書くことになる。素人同然の状況だったため、すでにサブ作家経験のある人間がしばらくアシストしてくれた。

「受かった翌週ぐらいからありがたいことに台本を書かせてもらって。とはいえ、台本と言っても、こういう流れでゲストの方に質問をしていきますということを書いたり、オープニングトーク用に最近のラジオ業界事情を入れるぐらいなんですけど。伊福部さんの書いた過去の台本をもらって、「まあ、こんな感じで」と言われて。「エーッ……！　わかりました。やってみます」と。ディレクターさんは「読みにくいよ」、「間違ってたよ」って結構言ってくださって、本当にありがたかったです。伊福部さんは何も言ってくれないんで、何を考えてるかわからなかったんですよ（笑）」

専門学校の活かし方

専門学校の授業もスタートした。どんな職種であれ、専門学校はあくまで基礎的な技術を教えてくれる学校である。辻村も機材の使い方や収録の仕方、番組を作る過程や基本的な姿勢を学んだが、それがすぐに仕事に繋がるわけではない。現場に入ってからが本番で、「専門学校はあまり意味がない。いきなり現場に飛び込んだほうがよい」という意見もある。ただ、辻村はとにかく積極的だった。危機感も強かった。

「サブ作家オーディションに合格してから名刺を持つようにして。で、番組にいろんな現場の方がゲストに来てくださるので、毎回名刺を渡して、「お願いします。今、東放学園で勉強してるんです」ってあいさつしたんです。「なに、まだ学生なの？」と話が一通り盛り上がるんですよ。そこで、「何かあれば私を使ってください」とアピールしたり。あとは、学校に来てくれる先生にも名刺を渡して。他の子はそういうことを全然してなかったんですけど、絶対にしたほうがいいと思うんですよね。私の中では、ラジオをやりたいという人が同じ学年に三〇人いるけど、この全員がラジオ業界に入れるわけがないと考えてたんですよ。「この三〇人の中でトップにならなかったら、仕事にならないなあ、就職できないだろうなあ」と思ってて……一九歳で（笑）。もっと言うと、入学する時は「全員敵だ！　ライバルだ！」と思っていたんで」

ここまで紹介してきた構成作家は、プロになる前の過程で目に見えるライバルの存在はいなかった。ここまで現実的にプロを目指す人間が横並びになるのは、専門学校が増えたからと言えるかもしれない。良くも悪くも、面白さを武器に突っ走ってきた上の世代とはまた違う厳しさがある。

「自分一人で投稿をしてたら、自分だけじゃないですか。周りには、ディレクター志望の人もいるんですけど、同時に作家にも興味があるという同い年がいるわけです。この人たちに何も努力しないで負けたら悔しいと凄い思って。ライバルがいっぱいいたんですよ。ライバルというか……蹴落とさなきゃいけない人たち（笑）。まずこの人たちよりも上に行かなきゃ仕事が手に入らないと思っていたんで」

辻村はどこまでもアグレッシブに動いていく。専門学校で番組作りを学ぶ際には、もちろん構成作家の役目を買って出た。文化放送を皮切りに、先輩の紹介でニッポン放送の土曜お昼のニュース番組『辛坊治郎ズーム　そこまで言うか！』のＡＤも経験。夏休みだけＮＡＣＫ５のバイトをやったこともある。ＴＢＳラジオに見学に行った時も自分を売り込んだ。さらに、学校の講師として構成作家事務所の人間が来た時は「先生。私、作家の事務所に入りたいんですけど」とガッツガッツ売り込んだ。その時は「お前はフリーでやっていけるよ」とかわされたが、卒業間近には「事務所とか決まったの？　うちにくる？」と声をかけられ、二〇一四年、卒業と同時に事務所所属となる。

「専門学校は無駄じゃないんです。でも、無駄にする人もいるんです。無駄にするか、しないかは自分の頑張りというか、ズカズカ感かなと思いますね。東放学園を卒業してどうにもならなかったら、文化放送の前で張り込みをしようと思ってました。伊福部さんの顔はわかるんで、絶対に会えると。それこそ土下座しようぐらいの勢いで、「弟子にしてください」って言いに行こうと思ってましたから。それぐらいしないとダメだと思っていたので」

その姿勢が功を奏し、専門学校を卒業した時点で、実家暮らしとはいえ、構成作家一本で生活できる状況になっていた。

この時期の名刺配りが、数年後に花が開いたこともある。その相手が大村綾人だ。不思議な縁である。

「『ラジオのラジオ』にゲストに来てもらった時に、「東放学園で勉強しているんです。もし仕事があれば、よろしくお願いします」ってご挨拶して。その後も、番組のイベントにゲストに来ていただいたりはしてたんですけど、そこから仕事の話になることはなかったんです。ただ、二年ぐらい経ったら、いきなり電話をいただいて。液晶に「大村綾人」と出たんで、間違えて電話したんじゃないかと思いました（笑）。そうしたら、「大村ですけど、わかりますか？」と。その時はとある局のディレクターがリサーチを探しているという話だったんですけど、ちょうど前の時間帯のADをやっていたので、「申し訳ないですけど、できないんです」というお話をして。そうしたら、去年の春に『（阿澄佳奈の）キミまち！』が始まるから、サブ作家をやらないかとお話をいただいたんです」

『キミまち！』はアニメ関連や声優の楽曲に特化した生放送のリクエスト番組で、大村がメインの作家を担当している。大村本人の証言に「男でも女でもいいから、二〇代前半の作家と出会えないかなあってここ数年ずっと思ってます」という言葉もあったが、それが辻村につながったのだ。

いつかユーミンの番組を

やっと自分が希望した道を歩み出した辻村だったが、構成作家という仕事は一筋縄にはいかなかった。

「いやあ、大変だなあと思いましたね。最初は笑っているだけで楽しそうな仕事だなと思ってたんですけど、いざやってみると、パーソナリティの方に合わせて台本を書かなきゃいけないし、情報はもちろん間違っちゃいけないし、リスナーさんが求めることをやらなきゃいけないし。あとは、「ごめん。締切は明日までなんだけど」って急に来る話もあったりして。大変なお仕事なんだなあとつくづく感じますよね」

ラジオ界は男性が多い業界だが、そういう部分で苦労したことはない。逆にそれを利用するようなたくましさがある。

「ありがたいことに、「お前、女なんだからさ」や「女は出ていけ」みたいな言葉は言われず、逆に〝ちょっといじられる若い女の子〟みたいな立ち位置なんで。オジサンたちにいじってもらうみたいな（笑）。「バカじゃねえの」って言われても、きつい感じにならないんです。「全然わからないんです。教えてください。テヘヘへ」みたいな感じで（笑）。若い女の子キャラでいけてるんで、逆に男世界でよかったなと思う時がありますね」

三年目を過ぎて、メイン作家を任せてもらうことも少しずつ出てきた。現在は『高柳明音《たかやなぎあかね》の生まれてこの方』（ラジオ日本）、『2・5次元男子放送部』（TS ONE）などでメインの作家を担当している。構成作家としての面白さも味わえるようになってきた。

「自分がこうやってほしい、こうなったら番組が転がって面白くなるように書いて、実際にそれをパーソナリティの方がやってくださって、リスナーさんがそこを面白いと言ってくれた瞬間は、ああ、頑張ってよかったなって思いますね。全然私はまだまだで。構成作家はパーソナリティの方の話を聞いて、どういうことが得意なのかとか、何を喋ったら面白いんだろうとか、どうしたら話が弾むんだろうとか、それを見極めないといけないと思うんです。でも、全然私はできないし、才能がないので、努力するしかないなあと。伊福部さんやミラッキ（大村）さんを見てると、この人たちは天才だなあって思うんですよ」

せっかくなので、後輩から見た先輩たちの凄さを聞いてみよう。まずは辻村をこの世界にいざなった伊福部について。

「伊福部さんは私なんかの脳じゃ考えつかないようなぶっ飛んだことを考えるなあとつくづく思っていて。そういうところは本当にマネできないというか、わざわざマネしようと思わないぐらい凄いと思います。台本を書くスピードも速いんです。ずっと敵わないなあと思っています。本人には言わないですけどね、恥ずかしいですから（笑）」

それでは『キミまち！』で一緒に仕事をするようになった大村はどうだろう。

「本当に何でもお詳しいですし、いろんなことに対して興味を持っていて、それを深掘りする方なんです。情報を凄い持っていて、「何年に何が起こった」ってすぐに言える方なんですよ。正直、いい意味で「気持ちわる！」って思うんですよね（笑）。ミラッキさんの年表の覚え方はそれこそ天才だなと思ってて。作家として天性のものだと思います」

先輩たちに向けた言葉には、辻村の自信の無さが透けて見える。四年目だけに当然と言えば当然なのだが、未だに不安や迷いは多い。

「今でもメイン作家をやる時はちょっと不安なんです。「私で大丈夫ですか？」って何度も言っちゃうんで。今でも全然私は何もできないと思っているんですよ。「本当に大丈夫ですか？私でいいんですか？」って何度も確認した上で、メインをやっているんで。台本を書き上げても、「これでいいのかな？」って思いながら現場に行くことがあります。正解が見えないところに苦労してますね。「やっぱり失敗したなあ。他のことにすればよかったなあ」ということが凄くあるので、そこの見極めは全然できてないんです」

ハガキ職人出身のような際立った面白さはまだない。ラジオに向かう姿勢と積極性で構成作家の道を進んできた辻村にとって、今は自分なりの長所や武器を作っていく段階なのだろう。

「ニュースの番組をやらせてもらったり、アニラジをやらせてもらったり、俳優さんの番組やアイドルの番組とか、ありがたいことにいろいろやらせてもらっているんですけど、どれもそこまで詳しくないんです（苦笑）。でも、いろんなところで番組をやらせていただいているんで、私が知っているのが薄い情報でも、他ではその情報が濃かったりするんで、「詳しいんだったらちょっとやってよ」と言われたりとか。私は詳しいものがあまりないので、これっていう武器があるわけじゃないんです。逆に今は「手広くできます」というのを売りにして。そういうところを活かして、かいくぐっていけたらなって考えてます」

まだ二〇代前半で業界歴も浅い辻村は今後のラジオ界についてどう考えているのだろう？

「明るい未来がありますとは言えないですけど、ゼロになる世界じゃないと思っているので。

一定数、「ラジオが面白い」と言ってくれる方が確実にいるのはわかっているし、それは若い人にもいますから。そういう人を増やしていけたら、きっとラジオは消えない。そういう人たちと真摯に向き合って、大切にしていけば、私たちも仕事をしながら、楽しいメディアを作っていけるんじゃないかと思います……で、そう思いたいですね」

　実際、辻村が担当している『2・5次元男子放送部』では、俳優のファンがたまたまラジオを聴き「今までラジオを知らなかったんですけど、聴いてみて、面白いなと思いました」とメッセージをくれることがあるという。

「世代が近いぶん、ラジオを聴いている若い人が少ないっていうのは凄くわかるんです。だからこそ、近いところにいる私たちが、「ラジオって面白いんだよ」、「音声だけのメディアはテレビやネットのコンテンツみたいに派手じゃないけど、その人の本心が見えるよ」ってことを伝えていけたら、どうにかなるんじゃないかなって思っているんですけどね。ラジオを制作している人たちも消したいとは考えてないと思うんですよ。先輩たちもそうですけど、ラジオが好きで、音声だけのメディアが好きで、消えないように消えないようにと何とかやっていると思うので。作っている人たちがそういう思いで面白いものを作っているかぎりは、ラジオってなくならないんじゃないかと」

　最後に今後の目標を語ってもらおう。若い世代らしくかなりのビッグマウスが飛び出した。

「いつかユーミンと番組をやってみたいですし、お昼のワイド番組でメインの作家をやりたいんですよね。深夜ラジオを聴いてたんで、深夜ラジオって言いたいところもあるんですけど、お昼の番組に携わらせていただいて、番組を聴いてくうちに、お昼のワイドはやっぱり凄いなあと感じたので」

ラジオにおけるゴールデンタイムのメイン作家が目標。ラジオ界では一番デカい発言だ。

「本当にそうですね（苦笑）。でも、目標なので、いつになるかわからないですけど、頑張ります。あと、事務所の人には「テレビもやったほうがいいぞ」って言われるんです。今はラジオでいっぱいいっぱいなんですけどね。一時期、リサーチで『ヒルナンデス！』（日本テレビ）にかかわらせていただいて。テレビはテレビでいろんな人に情報が届いて面白いなあと思ったし、テレビの大きさも感じたので、声がかかったら、いつかできたらいいなあと。視野は広く常にいようかなと思っています。自分の中で、東京オリンピックが一つの区切りになってます。ちゃんとメインでいろんな番組ができているのか……。その頃は何をしてるんだろうなって思いますね」

＊　＊　＊

二人目の若手作家、チェ・ひろしは現在四年目。彼のここまでの足跡を振り返るにあたり、名前の変化も重要な要素となるが、その変遷は複雑なため、紹介するのが難しい。そこで、ここでは藤井青銅がチェ・ひろしのことを取り上げたコラムに敬意を表し、「K」として進めていこう。詳しくはotoCotoに連載中のコラム『藤井青銅の「新・この話、したかな？」』を参照してもらいたい。ちなみに、Kは取材する際に、「こんな話、誰が聞きたいんですかね？」、「あんまり書いてほしくないことなんですけど」と何度も尻込みしていたが、こちらが無理を言って語ってもらったことも記しておきたい。

モザイクをかけながらの深夜ラジオ

「構成作家になる人間は若い頃からラジオが好き」というのは、〝あるある〟にすらならない〝絶対条件〟のように感じられるが、Kには当てはまらない。高校まで神奈川県の横須賀市に住んでいたが、卒業するまでほとんどラジオに触れてこなかった。学校でも特に目立った存在ではなかったという。

「ニューヨークさんが言っていた一・五軍というか。放課後に、四、五人で教室の隅っこに集まって、大喜利大会をやっているぐらい。一部の人たちで楽しくやっているような感じでした。僕の頃からテレビ離れが進んでいて、あんまりお笑い番組を見ている人がいなかったんです」

世代的には離れているが、一番影響受けたのはダウンタウンの松本人志。五歳上の兄が『ごっつええ感じ』（フジテレビ）などダウンタウン関連のテレビ番組をほとんど録画しており、それに見入った。その流れで、ラジオの『放送室』（TOKYO FM）をチェックするようになるが、聴いていたのはこの番組だけだった。

高校卒業を機に上京。意外にもミュージシャン志望だった。

「僕はブルースが好きで、ブルースミュージシャンになりたかったんです。アコギ一本で、流しをやりたいって。でも、それじゃ食っていけないなと思って、アッサリやめました。「流しと言っても、ただの迷惑なストリートミュージシャンだな」と思って（笑）」

すでに東京に来た時点で夢は諦めムードだったのだが、地元にいたくない気持ちが勝る。一緒に上京してルームシェアをした友達が唯一お笑いの話ができる相手だった。

「その友達とは高校時代から仲が良かったんですけど、芸人になるって言ってたんです。「お前は面白いからネタを書いてくれ」とか、「俺と一緒に天下目指そうや」みたいなことを言われました」

とはいえ共に芸人を目指すことはせず、すぐにミュージシャンの道も諦めてブラブラしていたが、この友人によって、改めてラジオの面白さを知る。

「ルームシェアしてたヤツがナイナイさんのヘビーリスナーだったんですよ。隣の部屋との壁が薄かったんで、全部音が聴こえてくるんです。その時は確か岡村さんが痔になった回か、大泉洋さんと揉めた回だったんですよね。それが凄く面白くて、ドアをバッと開けて、「なにこれ、メチャメチャ面白いな!」と言ったのを覚えてます」

それでもKはラジオにハマらなかった。とにかく東京にいるためには仕事をしなければならない。まずは深夜のコンビニで働くことにした。

「三日間だけやったんですけど、すぐに辞めたんですよね。僕は夜勤で入ったんですけど、先輩におじさんがいて。店長とおじさんがいるところに僕が入るという形だったんです。休憩時間に僕が裏でボーッとしてたら、店長がそこに来て、オジサンが映っている防犯カメラの映像を指してこう言ったんです。「見てごらん。これが底辺の姿だよ」って(笑)。そんなこと言うなよと。この店長のところではやってられないと思って、すぐ辞めたんですけど、仕事をしなきゃいけないから、AVにモザイクを入れる仕事に就いたんです」

裸体への興味で選んだ仕事ではない。「誰か覚えてないんですが、芸人さんが売れてない時にラブホテルでバイトしてたみたいな話をされてて、そういう面白い仕事をやっておきたいなと思ったんです」。AVはほとんど見たことがなく、映像よりもその変わった仕事自体に惹かれた。

数カ月の研修を経て、実際のモザイクがけを担当するようになったが、どうやらKにはこの仕事が合っていたようで、すぐにコツを摑んだ。

「ロボットのパイロットみたいに操作するんです。ペダルを両足で使って映像を早送り・巻き戻しをして。で、右手でモザイクの位置を決めて、左手でモザイクの形を調整するんです。そして、まだ見てない次の映像を予測して動かしていくんですよ。内容への興味なんて持ってられないんです。一フレームでも端っこがポロッと出たら事故になるんで、一般的な映像の大きさじゃなく、実際は画面一杯が〝そのもの〟だけの状態でやるんで。あと、〝女性のほう〟ってあんまり動かないじゃないですか。でも、〝男性のほう〟はパンツを脱いだだけで、ボーンって動くんで、ほとんど〝男性のほう〟をドアップで見ているという作業なんですよ」

時代が違えば、もしかすると彼はニュータイプとしてモビルスーツを巧みに操っていたかもしれない。しかし、実際に操っているのはモザイク。精神的にきつく、周りも辞めていく人が多かった。

「いつ辞めてもいいと思ってました。でも、「この仕事が向いてるかも?」と思ってたし、言っても他の仕事のほうがつらいんだろうなと感じてたので。それこそ、コンビニの三日間の経験があったので、あそこには戻りたくないなと思ってました」

ささくれだった気持ちを和らげる存在がラジオだ。職場の先輩が「お笑い好きならラジオが面白いよ」と勧めてくれた。その先輩は元お笑い芸人で、どうやら永六輔の番組に出たことがあるらしい。その言葉に乗って、ナインティナインとオードリーのオールナイトニッポンを聴き始めた。

基本的に同僚とかかわる必要はなく、作業さえすれば仕事をする時間は好きにしてよかったため、いつのまにか深夜に働くようになった。深夜の仕事中はずっとラジオを聴き続けた。

「ＪＵＮＫも全部聴いてましたね。お笑いのラジオは片っ端から聴いて。ＳＯＮＹの録音できるラジオを買って、生で聴く番組と録音して聴く番組に分けてました。で、家に帰ったらずっとテレビを見てたんで、ひどかったですよ。仕事中は一〇時間ぐらいラジオを聴いて、家に帰ったら一〇時間ぐらいテレビを見てという生活をずっと何年もやってて」

ラジオを毎日聴くようになって数年後、番組に投稿するようになる。キッカケはラジオを勧めてくれた先輩だ。

「僕にラジオを教えてくれた先輩が『投稿とかしないの？』と言ってくれて。その人はオードリーよりも、どっちかというと、エレ片のリスナーだったんですよ。『じゃあ、俺はエレ片に送るから、君はオードリーに送りなよ。どっちが先に読まれるか勝負だ』と言われて。そうしたら翌週に二人とも読まれたんです。初投稿で初採用だったと思います。ラジオネームは全然覚えてないんですけど。二〇一〇年か、二〇一一年ぐらいだったはずです」

だが、投稿生活は長く続かなかった。モザイクの仕事には音声チェックをしないといけない場合があり、それが土曜日に発生することが多く、生放送を聴けず、オンタイムでメールを送れないことが続いた。「だったら送らないでトークを聴こう」と考え、投稿するのを一度止める。

そもそもKには「ラジオで自分の投稿を読まれたい」という気持ちがほとんどない。ハガキ職人としてはかなり珍しい考え方を持っていた。

「読まれることをそんなに良しと思ってなかったんですけどね、僕としては（笑）。読まれたいとはあんまり……。ツイッターを見ていると、「絶対読まれたい」とか、「うわー、読まれなかった」とかありますよね。「トークのみでコーナー潰れちゃったよ」って意見もありますけど、僕は全然OKで。当時も今も、僕は「職人なんて」とずっと思ってて。職人なんて自己満足で送っているだけなんです。僕は「読まれないに決まっているじゃん」って考えなんですよ。で、読まれたら、番組がちょっとでも面白くなると思って採用してくれたってことだから。番組の手助けと言ったらおこがましいですけど、そういう感覚なんですよね」

ギャンブルフライデーにのめり込む

そんなKが再び投稿を再開したのはアルコ&ピースがキッカケだった。もともと好きなお笑い芸人だった。

「アルピーさんはラジオが始まる前からずっと好きで。まだソニー時代の『新しい波16』（フジテレビ）に出た頃からメチャクチャ面白かったんです。平子（裕希）さんがGREEでブログをやっていたんですけど、それも凄い好きで。ブログでも超ボケてたんですよ。日常からボケている人が凄く好きで、アルピーさん面白いなあと。ルームシェアしている友達にも「アルコ&ピースは超面白いから見とけよ」って言ってました」

アルコ&ピースは単発四回を経て、二〇一三年春からレギュラーとしてオールナイトニッポン0を担当することになる。

「新番組は送りやすいからやってみようと思ったのが、ちゃんと投稿を始めたキッカケです。アルピーさんはモザイク仕事の曜日的にも送りやすかったんです」

アルコ&ピースは木曜二部、金曜一部、木曜二部と合計三年間オールナイトニッポンで活躍した。「茶番」と呼ばれるコント仕立ての番組は、生メールをもとに流れが構成されるため、リアルタイム感が強く、若いハガキ職人から圧倒的な支持を集めた。二〇一〇年代のお笑い芸人によるオールナイトニッポンを代表する番組である。

投稿を再開するにあたり、ラジオネームを「関口勇斗」とする。これは本名とまったく違うのだが、本名の影響が如実に表れている。Kは自分の本名が好きではなかったのだ。「自分語りみたいで恥ずかしい。こんな話を聞いて、誰が楽しいのかわからないですけど……」と前置きしながら、Kはその由来を明かしてくれた。

「僕は母親一人に育てられているので、親父の顔も全然覚えてないんです。でも、ずっと名字は親父のままで、顔を知らない人の名前をずっと使っているのはイヤだなあと。この名字もダサいなあと思っていて。関口とか、山田とか、ベタな名字に憧れがあったんです」

一〇代の頃からそんな気持ちを抱えていたが、ある人の影響で現実化する。

「一〇代後半に、自分の中で〝革命〟があって。二〇〇〇年頃、ブログやmixiが流行ったじゃないですか。その頃にmixiでも大喜利みたいなことをやっている人たちがいたんですよ。その中に、今は何をやっているか全然わからないんですけど、関西に住んでいるメチャクチャ面白い人がいて。その人の日記は超ボケてたんです。「メチャクチャ面白い。文章で人をこんなに笑わせられるんだ」と凄い感動して。それまで僕は他愛もない友達のコミュニケーション用にmixiを使ってたんですけど、それを全部消して（笑）。それからはボケる記事に全部変えたんです。あることないことを書くようになって。その時に出てきたキャラクターが関口勇斗だったんです。架空のコントキャラです」

その文章の中での関口勇斗は「主人公が街中を歩いている女子中学生に「なんで洋モノの着エロってブドウばっか食うの？」ってアンケートを取ってたら逮捕された。その後、刑務所に送られて、そこで巡り会った男」という設定だったらしい。まさに脳内コントの登場人物の名前を引っ張り出して、ラジオネームにした。ツイッターアカウントも作ったが、あくまで流行りを知るための検索用だった。

「気持ち悪い話なんですけど、僕は普段、全然面白くない人間なんで、関口勇斗っていう人に書いてもらう体で書いてもらってたんです（笑）」

アルコ&ピースのオールナイトニッポンは一年経って、金曜一部に昇格。その後の二部枠で始まったのが、『ラブレターズのオールナイトニッポン0』である。二つの番組の挑戦的な内容と人選は〝ギャンブルフライデー〟と言われていた。Kはそこにハマっていく。

アルコ&ピースのほうでは、あまりに行き過ぎたメールが集められる「サイコボックス」にKの投稿も放り込まれた。これは番組の投稿者にとっては大きな勲章だった。そして、ラブレターズのほうではそれ以上の大活躍を見せる。

年齢をサバ読む超人カリスマン

深夜ラジオのヘビーリスナーでもあるラブレターズは番組開始にあたり、先人たちにならい、ハガキ職人を採用数に合わせて三カ月ごとにランク付けして競わせることにした。

ラブレターズの溜口佑太朗は、レギュラー放送初回で自分たちの番組を「(オールナイトニッポンの)一部やメジャーのほうでやっていると、レベルが高くて手が出ない若い子もいるんじゃないか。うちは0(二部)で一〇年という目標でやっている。うちは二部リーグ」、「あっちがメジャーリーガーなら、こっちは草野球」と定義した上で、「ハガキ職人、メール職人という言い方も硬いというか、カッコ悪いというか。なんかちょっと勝てそうじゃないでしょ」とハガキ職人の呼び方を「超人」にすると発表。番組の総称「カリスマラジオ」にあやかり、優勝者を「超人カリスマン」と呼ぶことになった。番組のノリを活かした実にバカバカしい名前だった。

番組内では合計四回、三カ月ごとにランキングが発表になったが、Kはそのうち二回で「超人カリスマン」に選ばれた。称号だけ見ると意味不明だが、一年間で採用されたメール数が一〇〇を超しているのは特筆すべきことだろう。今でもツイッターのアカウントを見ると、「チェ・ひろし(超人カリスマン)」と刻まれている。

採用されていく過程でKの気持ちにも変化が出てきた。構成作家という仕事に興味が出てきたのだ。「作家の人たちって一八歳から二〇歳ぐらいでなるイメージがあって、なれないだろうなって。本当に趣味で投稿してただけなんです」というKの考えが変わったのも、ラブレターズの影響だ。

ラブレターズのラジオ愛の強さゆえに、彼らのオールナイトニッポンではラジオについて熱く語る回があった。中でも、二〇一四年八月のスペシャルウィークは、ゲストを呼ばず、「ハガキ職人について考える」をテーマに放送された。「ハガキ職人とツイッター」、「ハガキ職人のイベントについて」、「ハガキ職人から作家になりたい人は今もいるのか？」の三つを軸に、リスナーの意見や質問を取り上げつつ、かなり真面目な二時間になった。

「あの回の時に、サブ作家の方が年齢を誤魔化して入ったという話をしてて、「あっ、年齢を誤魔化せばいけるんだ！」って（笑）。そこから、三歳サバ読んで送るようになったんです」

モザイクの仕事をずっと続けてるイメージは自分の中にはなかった。年齢の問題がなくなり、パッと視界が開けた。

「もともとミュージシャンになりたいと言って東京に出てきた人間なんで、ただ楽しそうなところに行きたかったんです。あと、自分が面白いって思ったものを理解してくれる人がずっと周りにいなかったんですよ。地元にいる頃、周りはお笑いが好きじゃなかったし、テレビを見てないし、みんな出会い系ばっかやってるみたいな。いい車がほしいとか、どんな女を抱いたとか、そんな話ばっかりしてて、「つまらねえなあ」と学生時代からずっと思ってて。でも、自分が面白いと思ったものをラジオに送ったら、評価してくれる場所があったのが嬉しかったんです」

Kはすぐに行動に移す。よく放送終了後に打ち上げをしていると番組内で語られていたため、二週間後には深夜のニッポン放送を訪れ、ラブレターズを出待ちする。Kが選ばれた「カリスマン」だったことも功を奏して、その飲み会に誘ってもらえた。土曜日の朝五時からラブレターズやスタッフと一緒に酒を酌み交わす機会に恵まれ、宗岡ディレクターと連絡先を交換することもできた。

翌週の放送で語られたところによると、突然のリスナー登場にスタッフ勢は構えてカッコつけてしまい、打ち上げの席でも浮き足立っていたらしい。Kからの「先日はありがとうございました。気が利いた喋りも、立ち振る舞いもなにひとつできませんでした。憧れの人たちに囲まれて、とても幸せな時間でした。皆さんの優しい心遣い、心に染みます。お疲れ様でした。重ねて、本当にありがとうございました」というメールが紹介されると、溜口は「一番ちゃんとしている。コイツが一番大人」と笑っていた。

その後も半年間、番組への投稿を続け、そして迎えた最終回。Kは自宅でも職場でも出待ちが集うニッポン放送の裏口でもなく、ラジオブースでそれを迎えた。前日の夜に宗岡から作家をやらないかと連絡をもらったのだ。

「連絡が来た時、凄い焦ったのを覚えてます。嬉しいよりも「どうしよう?」って（苦笑）。携帯をぶん投げたのを覚えてますね。不安的な「どうしよう」でした。ちょっと前に、高須（光聖。ダウンタウンの幼馴染みで、二人の番組を多数手掛けている）さんの公式サイトにある放送作家さんのインタビュー記事を読んで、大変そうだなあと思ってたんです。実感もなかったです。どうしようかなあ、どうなるんだろうなあって」

それでも意を決して「お願いします」と気持ちを伝え、四月から見習いとしてやってくことが決まった。最終回の放送中にスタジオに呼び込まれたKは、モザイクの仕事をしていることはやんわりとぼやかしつつ、「素直に嬉しいです」と語っている。ここで、実際は二八歳なのに、二五歳とサバ読んでいたことが明らかになった。

番組終了でしんみりしたムードも漂う中、Kが作家見習いになるという発表は番組にとっても、リスナーにとってても嬉しいことだった。みんなの思いがKに集まったことで大団円を迎えたような気持ちになった。放送終了後、リスナーまで巻きこんだ打ち上げが行われたが、そこで筆者は初めてKと会っている。そこでコッソリ名刺を渡し、「番組を担当するようになったら取材させてください」とあいさつしたのを今でも覚えている。

自分の名前が付いたコーナーができる

二〇一五年春から、ラブレターズの後番組となる『朝井リョウ&加藤千恵のオールナイトニッポン0』のサブ作家に就任。奥田泰の下に付く形となった。当然、最初は見習いで給料も出ず、モザイクの仕事も平行して続けた。

「周りの方たちにいろいろと教わりました。自分でも考えて、こういうメールがほしいというのを先回りして探して出すとか、こういうトークをするだろうから先に資料を作っておくとか、そうやって先回りして考えることが必要なのかなって」

その後、オードリーやニューヨークのオールナイトニッポン、深夜〇時台の『ミュ〜コミ十』などにも携わって、悪戦苦闘しながらあっと言う間に三年が過ぎた。モザイク仕事の経験は、構成作家に現時点で役立っていない。ガンダムの世界と同じように、いくらニュータイプでも人と人のかかわりでは苦労している。反省点を挙げたらきりがない。

「圧倒的に毎日が楽しいんですけど、自分の能力の無さに常に愕然とするというか、反省しかずっとしてなくて。気が利かないし、頭の回転が遅い。あとは、短時間で面白いことを考えられないとか、時間をかけても面白くなってないとか、ラジオとして音だけにした時に面白くないとか……。そういう実際の想像力みたいなものが凄く自分の中には欠けているなと思ってて。先輩の作家さんに聞いたんですけど、せっかく放送作家になってもすぐに辞めちゃう人が結構いるみたいで。その後でも、一年目だったり、三年目だったり、それこそ一〇年やっても辞めちゃう人がいたりとか。そういう話を聞くと、今は確かに気持ちはわかるなって」

リスナーの時は「楽しそうな場所」だと想い描いていたラジオの世界。ただ、見る角度が変われればその景色はまったく違うものになる。それはラジオが変わったのではなく、自分の立ち位置が変わったからだ。

それでも「初回から全部聴いてきた大好きな番組」で、思い入れのある『オードリーのオールナイトニッポン』の現場はとにかく楽しい。

Kの名前が変わったのは若林正恭が発端だ。二〇一六年三月のこと。フリートーク中、オードリーが出演したとあるテレビ番組をリスナーが見ていたかどうか、その反応が届いているかをブースの外にいるKに確認する際、若林は思いつきで「ひろし」と声をかけたのだ。もちろん「関口宏」が由来で、それから「関口ひろし」がKの名前になった。

そして、七月。キューバ旅行に行く予定だった若林はKとキューバの革命家チェ・ゲバラが同じ誕生日だということを聞きつけ、革命軍の帽子をお土産で買ってくると語り始め、「そういう帽子を被っているっていう放送作家になってもらおう」と提案。そこで「チェ・ひろし」という言葉が飛び出した。そして、実際にお土産の帽子をもらい、名前も変更に。中学生でmixiを全部消して以来、数十年ぶりに〝革命〟を起こした。

今はKが毎回、春日俊彰に体を張らせる企画を考える「ひろしのコーナー」を担当している。「手書きでノートにいろいろとアイディアを書いてるんですよね」。放送の展開次第なので、毎週必ずとは言わないが、定期的にKの考えた内容が電波に乗っている。

とはいえ、やりたい仕事ばかりとはいかず、周りとも、自分自身とも、まだうまく折り合いを付けられていない。映像にしろ、音声にしろ、文章にしろ、メディアにかかわる人間は、必ず一度は「やりたいこと」と「やりたくないこと」の間にある壁に直面する。「やりたいこと」だけを楽しくできれば幸せだが、時には「やりたくないこと」をするのも求められる。それが仕事だ。その時にどうやって「やりたくないこと」の中から楽しさを見つけるのか。見つからない場合は、どうやって自ら作り出すのか。その命題はずっと突きつけられる。「やりたくないこと」をやらないのはプロフェッショナルと言えないが、こなすことになれて、「やりたいこと」を見失ってしまうのもプロフェッショナルではない。そこに大きな葛藤がある。

それでも自分なりに構成作家の仕事に面白さを感じるようにはなった。

「ただただ、笑えるから面白いなって。その場で笑えるっていう。あとは自分が……僕なんかは些細なものですけど、自分がいることでちょっとでも番組が面白くなればいいなっていうのはあるかもしれないですね。テレビでバリバリやっている方とか、自分で企画を考えて番組をやっている方と比べたら、僕は全然できてないんですけど。それでも、コーナーを考えて、そのコーナーをやってくれて、笑ってくれる人がいればやっぱり嬉しいかなって」

ハガキ職人としてたくさんのネタが採用されたという自信はぽっきりと折られ、自分の至らなさばかりが目に付いてしまうけれど、それでも食らいついて構成作家を続けている。『オードリーのオールナイトニッポン』での定位置はブースの外。藤井青銅の隣だ。

九〇年代以前のように、ポーンとメイン作家を任せられて経験を積むなんてこともありえない。不満も不安も消えないし、周りからのプレッシャーも強い。ラジオ界の未来にも雲がかかっている。もう三〇代だし、最近になって結婚もした。「これから化けるんじゃないですか?」と激励しても、「ヒッソリ辞めて、バナナワニ園とかで働いているかもしれません」と本人は苦笑するばかりだったが、それでも構成作家を辞める気はない。そんなKがこれからやりたいことは、とてもシンプルで、ずっとブレていない。

「まあ、超面白い番組を作りたいとか、超面白いことをやりたいとか……。こんなことを言ってたら、先輩にぶっ飛ばされて、「そんなんじゃダメだろう」って怒られると思うんですけどね(苦笑)。ある程度、期間が経って、まだこれっていうのも問題ですけど。あと、またダサいことを言いますけど、たくさんの人を笑わせたいです(笑)。一番嬉しいのは、「あれが面白かったです」と言われることなので」

おわりに

最後に個人的な話を書いてみたい。

初めて自分からラジオを聴いたのは小学六年生の時。過度のラジオジャンキーだった兄から情報を聞き、当時好きだったLINDBERGのボーカルである渡瀬マキさんがオールナイトニッポン二部のパーソナリティであることを知ったからだ。

小学生にとっての深夜三時は、実はこの世に存在しないじゃないかと本気で思うぐらい深い時間だった。それこそ〝明日よりも先にある〟ように感じたぐらい。何とかオンタイムで聴こうと挑戦したが、毎回一部の古田新太さんの喋りを聴いている最中に寝落ちし、結局一度も実現しなかった。録音するにしても、まだ兄弟共用のラジカセしかなく、予約録音をセットする前に寝てしまったり、イヤフォンを付け忘れて深夜に爆音が流れたり、兄が別の番組を聴いてしまったりして失敗を連発。気がついたら番組が終了していて、代わりに流れてきたのは、新人だった福山雅治さんの声だった。

ラジオの面白さを教えてくれたのは、中学一年生の時に出会ったＴＢＳラジオの『岸谷五朗の東京RADIO CLUB』。パーソナリティはまだ無名だった岸谷五朗さん、中継担当はホンジャマカの恵俊彰さんで、寺脇康文さんもレギュラーだった。世に知られる前の彼らが芸能界で悪戦苦闘する様を共に追体験することに前のめりになった。岸谷さんがちょい役でドラマに出て興奮し、映画の主役に抜擢されたら自分のことのように嬉しかった。

この本で取材した方々と同じように、夜の帯番組から徐々に深夜帯へと聴く番組が広がっていく。TBSラジオ、文化放送、ニッポン放送。局にこだわらずにいろんなラジオを聴き漁った。

高校入試に向けての受験勉強が本格化した中三の夏休み。友達ともほとんど会わず、毎日一〇時から朝五時までラジオ漬けの毎日を過ごした。朝の番組が始まったら眠りにつき、昼頃にあまりの暑さに飛び起きたら、午後はボンヤリ過ごして、夜はまたラジオを聴くというのが決まったタイムスケジュール。ながら聴きしての勉強は大して身にならなかったが、このラジオと共に過ごした一ヵ月半は強烈な印象を今でも自分に残している。そして、ここ数年の私の生活も実はほとんど同じで、我ながら成長しないもんだなあとビックリする。

今の仕事に就こうと考えた最初のキッカケもラジオだった。もちろん自分如きがと思っていたから、パーソナリティや構成作家になろうなんて考えたことはない。高校の時、放送委員会に入ったことから音響になることも考えたが、専門学校に体験入学してもしっくり来ず、宙ぶらりんだった。

そんな時、歌手の篠原美也子さんがオールナイトニッポンで沢木耕太郎のノンフィクション『敗れざる者たち』を紹介してくれた。勝者ではなく、敗者に焦点を当てたこの作品を読んでとんでもなく感動し、「スポーツライターになってこんな文章が書いてみたい！」と心の底から思った。それが今の仕事に繋がる最初の一歩だった。だから、ラジオでパーソナリティが自分の好きな本や曲を紹介するのは今でも大賛成である。

大学にも行かずに格闘技会場のスタッフを経て、プロレス記者、さらにアイドル雑誌の編集者になった話はラジオと関係ないので、ここでは割愛する。自分の作ったプロレス雑誌を『くりぃむしちゅーのオールナイトニッポン』に送り、放送内で取り上げてもらって、ノベルティをもらったのはいい思い出だ。

編集者としてキャリアを積み、自分の企画を立てることを求められた時、力になるのは昔の自分が好きだったジャンル。私にとってはそれがラジオだった。

ラジオに関連した本や雑誌企画はどうしても無数の番組を総ざらいする形が多く、その中身に物足りなさを感じていた。番組表も、局別リストもいらない。とにかく一つの番組を深く掘り下げるような本を読みたいとずっと思っていた。少なくとも普通の人よりもラジオを聴いてきた自負はある。それならば自分で作ればいい。そんな気持ちで立ち上げたのが『声優ラジオの時間』と『お笑いラジオの時間』というムック本だ。

パーソナリティの取材が面白いのはもちろんのこと、それ以上にスタッフ側の証言……特に構成作家の話に惹かれた。考え方やラジオ論を聞いて毎回興奮した。そんな気持ちがこの本に繋がっている。

ただ、専門誌を何冊も作っていく過程で、徐々にラジオのことがわからなくなっていった。取材をすればどうしても知りたくなかった裏側に触れることになるし、そこに人間関係も生まれる。ラジオついて発言するのが怖いと思うようになり、「普通の人よりもラジオを聴いてきた自負」なんて持てなくなっていた。

ちゃんと一からラジオについて掘り下げたい。そう考えていた時に、「ラジオの本を出版しないか？」と声をかけてもらった。自分が書くならば、スタッフの証言を中心にしたい。最前線の人たちの声を元にして、改めて深夜ラジオの歴史を振り返り、自分の考えを再構築したい。そんな風に思った。あるスタッフから厳しくも温かい叱責を受けたのも大きかった。

本の企画が始動しても試行錯誤は続いた。当初は深夜ラジオの歴史を総ざらいするという大風呂敷を広げようと考えていたが、一冊の本ではまとめきれるはずもない。だが、最初に藤井青銅さんから公開インタビューという形で話を聞き、方向性が明確になった。

初めてラジオ本を作った時と同じで、いろんな情報を載せることは確かに有意義だけれど、そうすると余計にラジオの魅力が伝わらないんじゃないかと思ったのだ。たくさんの相手をインタビューするのではなく、すでに取材したことのある方、何度かお会いしたことのある方を中心に据え、これまでのかかわりや知識の蓄積を活かして、深いところまで突っ込んで話を聞くスタンスに決めた。

この本には『ビートたけしのオールナイトニッポン』の高田文夫さんも、『ナインティナインのオールナイトニッポン』の小西マサテルさんも、『伊集院光　深夜の馬鹿力』の渡辺雅史さんも、『バナナマンのバナナムーンＧＯＬＤ』のオークラさんも、ラジオから業界に入ってテレビで活躍している鈴木おさむさんも出てこない。「なぜ○○さんを取材しないんだ」という意見も当然あるだろう。そういう意味では、個人的な志向や関係性や思いつきに偏ったいびつな一冊になったが、だからこそラジオらしい雰囲気を纏った本になったんじゃないかと思う。

改めて取材に快く応じてくれた構成作家の方々に感謝したい。私じゃなくてもこの本を書ける人はたくさんいるだろうが、構成作家の皆さんがいなかったらこの本は形にならなかった。

そして、「これからも面白いラジオを聴かせてもらう」という意味ではまだまだお世話になるだろうから、この場を借りて「今後もよろしくお願いします」と伝えたい。

至極当然の話だが、この本の取材を通じて改めて感じたのは「ラジオの面白さ」だ。斜めに構えてそれを楽しまないなんてもったいない。専門家なんて気取った高尚な立場ではなく、ただの一リスナーとしてラジオにかかわっていきたいと心から思った。

この本で追ってきた歴史からもわかるように、ラジオ界は今も昔も常に厳しい状況に置かれている。さらに悪化する可能性も十二分にあるし、メディアとしてのあり方が変わり、今まで聴いてきたラジオとはまったく違うものになってしまう可能性もある。でも、大丈夫。いざという時のために、老後の楽しみにしようと音声は数千時間溜め込んである。業界の状況に関係なく、これからも自分の好きなように、自分のペースで一生ラジオを聴き続けていきたい。

こんなマニアックな本を購入している希有な方ならば、わざわざ言われなくてもたぶんラジオを聴き続けるだろう。そんな皆さんの過剰なラジオ愛に敬意を表したい。

参考文献

『お笑いラジオの時間』綜合図書
『声優ラジオの時間』綜合図書
『声優Premium』綜合図書
『ラジオパラダイス』三才ブックス
『アニラジグランプリ』主婦の友社
『ナインティナインのオールナイトニッ本』ワニブックス
『Quick Japan』太田出版
『CULTURE Bros.』東京ニュース通信社
『笑芸人』白夜書房
『昭和40年男』クレタパブリッシング

藤井青銅『幸せな裏方』新潮社、二〇一七
藤井青銅『ラジオにもほどがある』小学館文庫、二〇一一
藤井青銅『ラジオな日々』小学館、二〇〇七
藤井青銅・柳家花緑『柳家花緑の同時代ラクゴ集 ちょいと社会派』竹書房、二〇一六
田家秀樹『70年代ノート 時代と音楽、あの頃の僕ら』毎日新聞社、二〇一一
鶴間政行『人に好かれる笑いの技術』アスキー新書、二〇〇八
本間健彦『60年代新宿アナザー・ストーリー——タウン誌「新宿プレイマップ」極私的フィールド・ノート』社会評論社、二〇一三

ＴＢＳパックインミュージック編『もう一つの別の広場――深夜放送にみる青春群像』ブロンズ社、一九六九
柳澤健『１９７４年のサマークリスマス――林美雄とパックインミュージックの時代』集英社、二〇一六
伊藤友治＋ＴＢＳラジオ『パック・イン・ミュージック――昭和が生んだラジオ深夜放送革命』ＤＵ ＢＯＯＫＳ、二〇一五
文化放送＆ニッポン放送＆田家秀樹編『セイ！ヤング＆オールナイトニッポン70年代深夜放送伝説』扶桑社、二〇一一
亀渕昭信『35年目のリクエスト――亀渕昭信のオールナイトニッポン』白泉社、二〇〇六
井上保『「日曜娯楽版」時代――ニッポン・ラジオ・デイズ』晶文社、一九九二
秋山ちえ子・永六輔『ラジオを語ろう』岩波ブックレット、二〇〇一
永六輔『生き方、六輔の。』新潮社文庫、二〇〇六
萩本欽一『欽ちゃんどこまで書くの』毎日新聞社、一九八四
上野修『ミスター・ラジオが通る』実業之日本社、一九八六
『ビートたけしのオールナイトニッポン傑作選！』太田出版、二〇〇八
軍司貞則『ラジオパーソナリティ～22人のカリスマ～』扶桑社、一九九八
アニソン黄金伝説制作委員会『ドリカンからこむちゃへ アニソン黄金伝説!!』扶桑社、二〇一二
『ＴＢＳ50年史』東京放送、二〇〇二
ニッポン放送監修『オールナイトニッポン大百科』主婦の友社、一九九七
佐藤康人『ラジオ問わず語り――ＦＭ番組の現場と裏側』万来舎、二〇一五
室井昌也『ラジオのお仕事』勉誠出版、二〇一五
花輪如一『ラジオの教科書』データ・ハウス、二〇〇八
ｄｅｎｔｓｕ「広告景気年表」http://www.dentsu.co.jp/knowlege/ad nenpyo.html.

村上謙三久（むらかみ・けんさく）

一九七八年東京都生まれ。編集者・ライター。『お笑いラジオの時間』『声優ラジオの時間』シリーズ（綜合図書）の編集長を務める。『女性自身』『CULTURE Bros.』に寄稿。ラジオ関連の執筆・編集の他に、プロレス記者としても活動中。

深夜《しんや》のラジオっ子《こ》

――リスナー・ハガキ職人《しょくにん》・構成作家《こうせいさっか》

二〇一八年三月一五日　初版第一刷発行
二〇一八年四月二〇日　初版第二刷発行

著　者　村上謙三久
装　幀　川名潤
発行者　山野浩一
発行所　株式会社筑摩書房
東京都台東区蔵前二―五―三　〒一一一―八七五五
振替〇〇一六〇―八―四一二三
印　刷　三松堂印刷株式会社
製　本　三松堂印刷株式会社

ISBN978-4-480-81542-2 C0065

乱丁・落丁本の場合は、左記あてにご送付ください。送料小社負担でお取り替えいたします。
ご注文・お問い合わせも左記へお願いいたします。
筑摩書房サービスセンター　電話番号〇四八―六五一―〇〇五三
さいたま市北区櫛引町二―六〇四　〒三三一―八五〇七